La Ciencia
para *Todos*



La colección La Ciencia desde México, del Fondo de Cultura Económica, llevó, a partir de su nacimiento en 1986, un ritmo siempre ascendente que superó las aspiraciones de las personas e instituciones que la hicieron posible: nunca faltó material, y los científicos mexicanos desarrollaron una notable labor en un campo nuevo para ellos: escribir de modo que los temas más complejos e inaccesibles pudieran ser entendidos por los jóvenes estudiantes y los lectores sin formación científica.

Tras diez años de trabajo fructífero se ha pensado ahora dar un paso adelante, extender el enfoque de la colección a los creadores de la ciencia que se hace y piensa en lengua española.

Del Río Bravo al Cabo de Hornos y, cruzando el océano, hasta la Península Ibérica, se encuentra en marcha un ejército compuesto de un vasto número de investigadores, científicos y técnicos, que desempeñan su labor en todos los campos de la ciencia moderna, una disciplina tan revolucionaria que ha cambiado en corto tiempo nuestra forma de pensar y observar todo lo que nos rodea.

Se trata ahora no sólo de extender el campo de acción de una colección, sino de pensar una ciencia en nuestro idioma que, imaginamos, tendrá siempre en cuenta al hombre, sin deshumanizarse.

Esta nueva colección tiene como fin principal poner el pensamiento científico en manos de los jóvenes que, siguiendo a Rubén Darío, aún hablan en español. A ellos tocará, al llegar su turno, crear una ciencia que, sin desdeñar a ninguna otra, lleve la impronta de nuestros pueblos.

# A PROPÓSITO DE GALILEO

José Altshuler

# A PROPÓSITO DE GALILEO


SEP FCE CONACYT

la ciencia/190 para todos

Primera edición, 2002



La Ciencia para Todos es proyecto y propiedad del Fondo de Cultura Económica, al que pertenecen también sus derechos. Se publica con los auspicios de la Secretaría de Educación Pública y del Consejo Nacional de Ciencia y Tecnología.


Carretera Picacho-Ajusco 227, 14200 México, D.F.

ISBN 968-16-6681-X

Impreso en México

A mi esposa MERCEDES,
compañera de los malos y los buenos días

# PREFACIO

Corría el año 1964 y —en respuesta quizá a un llamado de alerta de la UNESCO— se celebraba en todo el mundo el cuarto centenario del nacimiento de Galileo. En vista de ello, el Movimiento Cubano por la Paz y la Soberanía de los Pueblos creyó oportuno publicar en su revista un artículo alusivo para sumarse, siquiera muy modestamente, a aquel homenaje mundial.

De esto último me enteré cuando se me pidió que escribiese el artículo de marras. Tras algún forcejeo de mi parte —puesto que no me consideraba apto para hacerme cargo de tarea semejante en plazo tan breve como el que se requería—, finalmente acepté y después logré cumplir mi compromiso editorial en tiempo y forma. Me vi, pues, obligado a revisar aceleradamente la escasa documentación relativa al tema que tenía yo a mano en aquel tiempo, perfilar mi propio criterio sobre el asunto, y esforzarme por lograr una exposición que pudiera llegar de la manera más directa al lector no especializado.

Quince años más tarde, en 1979, bajo los auspicios de la Academia de Ciencias de Cuba y la Sociedad Cubana de Física, se conmemoró el centenario de un doble acontecimiento de especial interés para las ciencias físicas: el nacimiento de Albert Einstein y la muerte de James Clerk Maxwell; con la particularidad de que, al contrario de lo ocurrido por entonces en otras latitudes, entre nosotros el homenaje a la memoria del primero no opacó un ápice la del segundo. También me tocó en suerte la tarea de pronunciar las palabras del caso, cuya preparación estuvo dominada por condicionantes no muy diferentes de las que habían afectado la redacción del anterior trabajo sobre Galileo.

Este libro recoge dos de los trabajos preparados expresamente para las ocasiones arriba mencionadas, así como otros cuatro que tienen un origen de la misma clase o que surgieron vinculados a alguna otra circunstancia particular. Algunos de ellos vieron la luz en publicaciones agotadas hace tiempo. Baste añadir que ahora aparecen en versión depurada, ampliada y actualizada, y que se han escogido en vista de que guardan relación con las ciencias físicas y sus cultivadores. De esta manera, aspiro a que su lectura sea de particular utilidad para los jóvenes universitarios que estudian para físicos, y, a la vez, resulte suficientemente atractiva para que contribuya a estimular vocaciones entre aquellos estudiantes de nivel preuniversitario que no se contentan con acudir a vulgarizaciones carentes de rigor científico.

La diversidad temática y la natural autonomía de los breves estudios aquí incluidos en calidad de capítulos permiten que éstos puedan leerse en cualquier orden, sin que por ello quede trunca la exposición en ningún momento. Con todo, si el lector decide proceder a su lectura siguiendo el orden en que se han dispuesto, sin duda percibirá la progresión en el tiempo histórico de importantes situaciones e ideas. Verá que éstas se refieren a la historia de varios conceptos y resultados fundamentales de las ciencias físicas, a algunos aspectos de su enseñanza y a los conflictos ideológicos y políticos en que varios de los más eminentes creadores científicos se vieron involucrados, desde Galileo en el siglo XVII hasta Einstein y Bohr en el siglo XX.

Se observará que en los diferentes textos abundan las citas literales, referidas a una bibliografía que ahora se añade. De esta manera aspiro a que se transmitan al lector, sin adulteración alguna, los puntos de vista y actitudes de los personajes de referencia, y se compruebe, de paso, que en algunos de ellos la profundidad de las ideas va de la mano con una elevada calidad en la expresión literaria.

A Galileo Galilei, el gran padre fundador de las ciencias físicas, nacido en el siglo XVI y fallecido en el XVII, está dedicado el primer capítulo, y el segundo a James Clerk Maxwell, considerado por muchos el más grande físico teórico del siglo XIX.

Ambos estudios constituyen algo más que simples esbozos biográficos, pues contienen, expresadas en un lenguaje que aspira a ser comprensible para la generalidad de los lectores, no pocas consideraciones sobre diversos aspectos específicos de la obra científica de los biografiados. De manera semejante, en el estudio dedicado al profesor de física de la Universidad de La Habana, Manuel Gran, afloran críticas razonadas a las exposiciones simplistas que a menudo plagan la enseñanza de las ciencias físicas.

El tema de la responsabilidad social del científico ante el uso de los resultados de sus investigaciones, se ilustra cumplidamente en la exposición dedicada al papel que desempeñó Niels Bohr en el proceso de la creación de la bomba atómica, y también a su lucha denodada por evitar el desencadenamiento subsiguiente de la carrera de las armas nucleares.

El capítulo más breve está dedicado a un episodio poco conocido de la vida de Albert Einstein —su fugaz paso por La Habana a fines de 1930—, que da una idea de la posición asumida por el más célebre de los hombres de ciencia del siglo XX ante dolorosos problemas sociales y políticos de su tiempo. Lamentables aspectos del mismo tema se revelan a propósito de los furiosos ataques dirigidos contra Einstein y otros científicos por los representantes de una supuesta "ciencia aria", tal como se recoge en una de las conferencias aquí reproducidas. Por lo demás, sin que ello responda a ningún propósito deliberado del autor, se verá que no pocas ideas y opiniones del creador de la teoría de la relatividad están presentes explícitamente en todos los capítulos.

La idea de recoger en un volumen los textos mencionados corresponde exclusivamente a mi esposa, Mercedes Álvarez Ponte, a quien me es grato dedicar este libro por todas las razones del mundo. Vaya, también, mi reconocimiento a nuestro hijo Ernesto, a Fausto Rodríguez y al profesor Angelo Baracca, por haber tenido la paciencia de leerse distintos borradores y darme a conocer oportunamente sus respectivas críticas y sugerencias al respecto.

De igual modo, es justo que agradezca el valioso apoyo que Roberto Díaz Martín, María de los Ángeles Rodríguez, Emigdis García y Marco Antonio Pulido han prestado, de una u otra forma, a la mejor factura de este volumen. Por último, aunque en modo alguno sea lo menos importante, me complace dejar constancia aquí de mi reconocimiento, muy especial, a María del Carmen Farías, cuya amistosa, entusiasta y eficaz gestión ha hecho posible la publicación expedita de este libro.

JOSÉ ALTSHULER

# I. Galileo, polémico y polemista

> El mundo entero dice: sí, así está en los libros, pero ahora déjennos ver a nosotros mismos.
>
> BERTOLT BRECHT, *Galileo Galilei* (1938)

QUE tres figuras cimeras del Renacimiento: el prodigioso Miguel Ángel Buonarroti, el padre de la anatomía moderna Andrés Vesalio y el gran reformador religioso Juan Calvino hayan muerto el mismo año, es de por sí una rara coincidencia. Y lo es aún más porque aquel año de 1564 también nacieron William Shakespeare y Galileo Galilei. Este último en Pisa, el 15 de febrero. Era el mayor de los siete hijos —tres varones y cuatro hembras— que tuvo el matrimonio de Giulia Ammannati y Vincenzio Galilei, comerciante en paños.

Vincenzio familiarizó a sus hijos con los clásicos y les enseñó los rudimentos de la matemática. Cantante, vihuelista y compositor, publicó un libro sobre "música especulativa", en cuya introducción declaraba:

> Quienes como prueba de cualquier aserción se remiten simplemente al peso de la autoridad, sin aducir ningún argumento en su apoyo, actúan muy absurdamente [19].

Más adelante habrá ocasión de apreciar cuán hondamente caló en el hijo mayor este punto de vista de su progenitor.

Es cosa generalmente aceptada que se tome a Galileo como fundador de dos ciencias físicas de importancia capital: la mecánica del movimiento y la resistencia de materiales, y que se le considere asimismo el padre de la ciencia moderna. Sus importantes descubrimientos astronómicos son, por supuesto, bien conocidos e indiscutibles, y también se le recuerda por haber concebido o desarrollado algunos instrumentos importantes, como el termoscopio, el reloj de péndulo y el telescopio. Pero, sin duda alguna, lo que más lo distingue del resto de los científicos que le sucedieron es su protagonismo en el escandaloso juicio inquisitorial que se le siguió, ya viejo y enfermo.

Galileo es quizá el primer físico —"filósofo"— que tiene a genuino orgullo su profesión como algo distinto de la matemática:

> ... [En] cuanto al título de mi posición —escribe en una oportunidad— deseo que, en adición al título de *matemático*, Su Alteza anexe el de *filósofo*, porque puedo alegar que he estudiado filosofía durante más años que meses matemática pura [1].

Los eruditos añaden que fue —¡raro fenómeno!— figura literaria de primera magnitud, y aseguran que escribió la mejor prosa italiana de los siglos XVII y XVIII. Componía música y la ejecutaba admirablemente a la vihuela y al órgano. Dibujaba con gran arte, al extremo de que, preguntado en su vejez qué le hubiera gustado ser de no haber sido hombre de ciencia, respondió que pintor. También sabemos que, tanto como disfrutar del buen vino, se complacía en conversar con los artesanos y en aplicar la ciencia a sus problemas prácticos. He aquí, pues, a justo título, la imagen de un hombre verdaderamente excepcional, a caballo entre el Renacimiento y la época científica moderna.

Quienes gustan de narrar la historia de las ciencias como si éstas hubiesen surgido espontáneamente de las cabezas de un grupo de hombres de genio, encuentran espinosa la evaluación del aporte científico y metodológico de Galileo. No se trata solamente de que algunos de los descubrimientos que le dieron

FIGURA I.1. *Galileo Galilei (1564-1638). Retrato por G. Leoni. (Biblioteca Marucelliana, Florencia.)*

nos que, en parte por la experiencia heredada y en parte por sus propias observaciones, se han hecho muy expertos e ingeniosos en la explicación... [10].

## ¿EXPERIMENTADOR O TEÓRICO?

Los grandes descubrimientos astronómicos de Galileo, que realizó cumplidos los cuarenta y cinco años, constituyeron la base de su mayor fama científica en vida. Pero pudiera argumentarse, siguiendo a Lagrange, que cualquiera hubiera podido hacer lo mismo con un telescopio a mano y perseverancia suficiente; en cambio, su análisis del movimiento sólo pudo haberlo producido un genio tan extraordinario como el suyo.

En su obra capital, *Discursos y demostraciones matemáticas en torno a dos nuevas ciencias, relativas a la mecánica y a los movimientos locales*, publicada en 1638, Galileo enjuicia certeramente la trascendencia de la nueva ciencia del movimiento creada por él, y parece como si entreviera el desarrollo admirable que, antes de 50 años, había de tomar la dinámica en manos de Newton. Dice allí, en efecto:

> Mi propósito es exponer una ciencia muy nueva que se ocupa de un asunto muy antiguo. No hay, quizá, en la naturaleza nada más viejo que el movimiento, con respecto al cual los libros escritos por los filósofos no son pocos ni pequeños; sin embargo, he descubierto experimentalmente algunas propiedades de él que vale la pena conocer y que no han sido hasta aquí observadas ni demostradas. Se han realizado algunas observaciones superficiales, tales como, por ejemplo, que el movimiento libre de un cuerpo pesado que cae, es continuamente acelerado; pero todavía no se ha anunciado hasta qué punto tiene lugar esta aceleración; por lo que yo sé, nadie ha señalado todavía que las distancias recorridas, en intervalos iguales de tiempo, por un cuerpo que cae desde el reposo, están entre sí como los números impares, comenzando con la unidad.
>
> Se ha observado que los proyectiles describen una trayectoria curva de alguna especie; sin embargo, nadie ha hecho notar que esta trayectoria es una parábola. Pero yo he podido probar este y otros hechos, no pocos en número ni menos dignos de conocerse; y lo que considero más importante, han sido abiertos a esta vasta y excelente ciencia, de la cual esta obra es apenas el comienzo, vías y medios por los cuales otras mentes más agudas que la mía explorarán sus rincones más remotos [10].

Nadie ha expresado más clara y elegantemente que Galileo, algunos de los principios metodológicos fundamentales de la ciencia. He aquí, en otro párrafo de sus *Discursos*, relativo al análisis del movimiento de los proyectiles, cómo nos enseña a seleccionar las variables significativas en la descripción del fenómeno real y procede a la esquematización de este último a fin de descubrir sus leyes, enmascaradas por distintas perturbaciones secundarias:

> De estas propiedades de peso, de velocidad y también de forma, infinitas en número, no es posible dar ninguna descripción exac-

ta; de aquí que, para manejar esta cuestión de manera científica, es necesario desembarazarse de tales dificultades; y una vez descubiertos y demostrados los teoremas, para el caso sin resistencia [del aire], utilizarlos y aplicarlos con las limitaciones que la experiencia enseñe. Y la ventaja de este método no será pequeña, ya que el material y la forma del proyectil pueden escogerse tan denso el primero y redonda la segunda como sea posible, de modo que el proyectil encuentre la resistencia mínima del medio. Ni tampoco serán los espacios y velocidades, en general, tan grandes que no podamos corregirlos con precisión [10].

Pese a que en todas sus exposiciones Galileo se remite continuamente al fundamento empírico de sus investigaciones, para algunos estudiosos no fue un experimentador cuidadoso, sino que a menudo se satisfacía con obtener, como confirmación de sus teorías, resultados bastante toscos que no podían convencer a otros colegas. Así, el padre Mersenne, notable hombre de ciencia de la época, llegó a dudar de que Galileo hubiese realizado efectivamente las famosas experiencias con el plano inclinado, en vista de que no lograba reproducir los resultados que aquél afirmaba haber obtenido. Tampoco Descartes creyó jamás en los resultados de los experimentos galileanos.

Algunas de las experiencias a las que hace alusión en su obra el gran toscano, no son sino "experimentos mentales" —como los que suelen mencionarse en los textos modernos de mecánica cuántica—, que nunca realizó, pese a lo cual no vacila en utilizarlos en su argumentación si lo cree conveniente.

Cuando Simplicio, el interlocutor aristotélico de uno de sus famosos diálogos, pregunta si, efectivamente, ha sido realizado un determinado experimento que se utiliza en apoyo de cierta hipótesis, obtiene esta respuesta: "Sin realizar la experiencia, estoy seguro de que el efecto se producirá como os digo; porque así es necesario que suceda [... y] no puede ser de otra manera" [9].

Por esta y otras razones, algunos historiadores de la ciencia llegaron al convencimiento de que Galileo había sentado las bases de la ciencia moderna utilizando como ingrediente fundamental ciertas ideas inspiradas en las formas ideales platónicas, convenientemente desarrolladas por vía matemática, pero carentes de una sólida evidencia extraída de observaciones y experimentos efectivamente realizados. Pero un cuidadoso análisis de los apuntes originales del maestro (probablemente de 1604 y 1608) sobre la caída libre de los cuerpos y la trayectoria parabólica de los proyectiles, ha convencido a algunos historiadores de la ciencia de que nuestro hombre fue un consumado experimentador en el sentido moderno de la palabra [3]. Sin embargo, hay otros que aducen razones no desdeñables en el sentido de que la experimentación desempeñó un papel secundario en las investigaciones de Galileo. El asunto, pues, continúa siendo objeto de discusión [20].

Lo que sí está claro es que nunca podría encasillarse a Galileo en un experimentalismo estrecho, alérgico por principio a toda vocación especulativa y al método deductivo. Por el contrario, escribe en 1632:

> Lo que yo pudiera haber deseado en Gilbert es que hubiese sido un matemático un poco mayor, sobre todo con una buena base en geometría, cuya práctica lo hubiese hecho menos decidido a aceptar como demostraciones concluyentes aquellas razones que toma

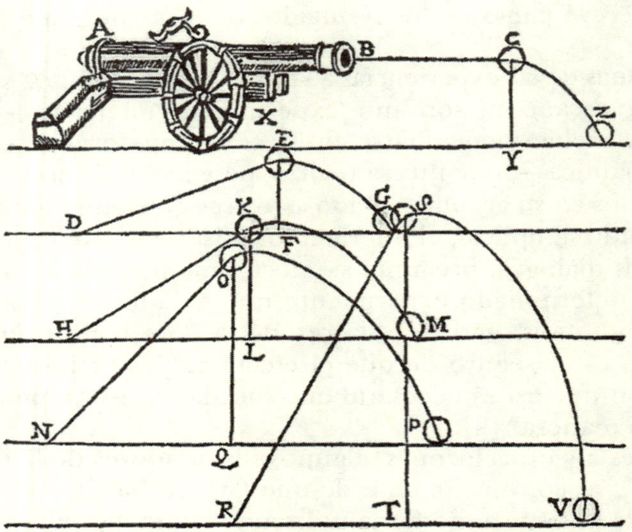


FIGURA I.2. *Trayectorias de proyectiles, según una obra publicada en 1606. Se ha supuesto que los proyectiles recorren inicialmente un segmento rectilíneo que se continúa en un arco de curva.*

por *vera causae* de las conclusiones correctas que él mismo ha observado [9].

Para Galileo, en efecto,

> La filosofía está escrita en ese gran libro que es el universo, el cual permanece continuamente abierto ante nuestros ojos. Pero ese libro no nos es inteligible a menos que antes aprendamos a comprender el idioma e interpretar los signos de que está compuesto. Está escrito en el idioma de las matemáticas, y sus signos son triángulos, círculos y otras figuras geométricas, sin las cuales es humanamente imposible entender una sola palabra de él... [8:198]

## Relatividad e ingravidez

Entre los principios de mayor trascendencia que nuestro hombre logró inferir de sus "experimentos mentales", hay dos cuya real importancia no se vio clara hasta el siglo XX. Uno de ellos es el hoy llamado *principio de relatividad de Galileo*, que cobró particular relieve en el contexto de la teoría especial de la relatividad de Einstein, el cual aparece expresado de forma aparentemente incidental en la famosa obra de Galileo de 1632, *Diálogo sobre los principales sistemas del mundo, el tolemaico y el copernicano*, a la cual tendremos ocasión de volver después, por razones bien diferentes. Dice allí, en uno de sus diálogos:

> Encerraos con algunos amigos en la mayor habitación que pueda hallarse bajo la cubierta de un gran buque, y conseguid [...] animales alados pequeños [...]; suspéndase también un cubito, provisto de una pequeña abertura, a una cierta altura sobre otro depósito, de manera que el agua pueda gotear lentamente del recipiente superior al inferior [...]; cuando el buque se encuentre detenido, observad atentamente cómo los animales alados vuelan de aquí para allá en todas direcciones dentro de la habitación [... y] las gotas caen dentro del recipiente inferior. Hágase que el buque se mueva tan rápidamente como se quiera, y [en tanto el movimiento sea uniforme y no haya balanceo] no notaréis la más ligera alteración en ninguno de los efectos antes descritos, ni seréis capaces de saber por cualquiera de ellos si el barco se mueve o está en reposo [9:180-181].

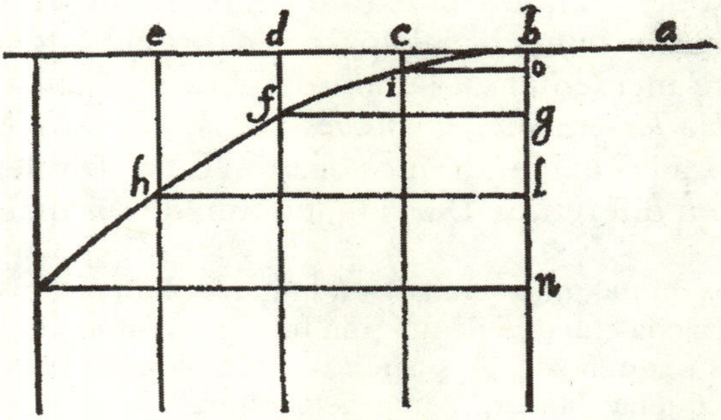


FIGURA I.3. *Ilustraciones del libro de Galileo dedicado a* Dos nuevas ciencias, *a propósito de los estudios del autor sobre la resistencia a la fractura de una viga voladiza (arriba) y la trayectoria de los proyectiles.*

En apoyo de la misma tesis, Galileo invoca uno de sus "experimentos mentales":

> ... [Si] la piedra dejada caer desde lo alto [de un mástil de un buque cuando éste] marcha a una gran velocidad, cayese precisamente en el mismo punto del barco donde cae cuando el buque

está inmóvil, ¿qué servicio pudiera prestar esta caída para asegurarte que el buque se encuentra inmóvil o en marcha? [9:137].

En 1641, el francés Pierre Gassendi comprobó, mediante un experimento real, la exactitud de esta última conclusión [16], la cual, convenientemente generalizada, conduce al postulado de que ningún experimento *mecánico*, realizado en un "laboratorio sin vista al exterior", será capaz de revelar si dicho laboratorio está inmóvil o se mueve con movimiento rectilíneo y uniforme.

Durante los siguientes doscientos sesenta y tantos años había de quedar la duda de si los fenómenos ópticos podían tener éxito donde fracasaban los mecánicos. A comienzos del siglo XX, un joven empleado de la Oficina de Patentes de Berna llamado Albert Einstein, erigió la respuesta negativa a aquella pregunta, bien que debidamente generalizada, en el primero de los dos postulados fundamentales de su teoría *especial* de la relatividad, que puede enunciarse así: "Las leyes de la *física* toman la misma forma en todos los sistemas inerciales." El otro postulado era el de la constancia de la velocidad de la luz en dichos sistemas inerciales.

No viene al caso que abundemos aquí sobre el concepto de "sistema inercial", aunque sí apuntar que de alguna manera está asociado al concepto mecánico de *inercia*: aquello de que "todo cuerpo no sometido a las acciones de otros se encuentra inmóvil o se mueve con movimiento rectilíneo uniforme", como suele decirse sin extremar el detalle. Pues bien, aunque en esto —como en algunas otras de sus ideas— tuvo predecesores, y no lo expresó con la claridad meridiana con que lo hizo Descartes en 1644, es indudable que Galileo estudió la inercia de los cuerpos con el mayor rigor científico de que fue capaz y que toda su física está impregnada de él [16].

Hasta cierto punto, lo mismo pudiera decirse del concepto de *fuerza de gravedad*, como se infiere de esta expresión suya:

> Está claro que la fuerza impelente que actúa sobre un cuerpo que cae es igual a la resistencia o fuerza mínima suficiente para mantenerlo en reposo. Para medir esta fuerza y resistencia propongo el uso del peso de otro cuerpo [10].

Según Max Jammer, "este pasaje es quizá el primer enunciado de un concepto unificado de las fuerzas estática y dinámica" de que hay noticia, aunque todavía le falta la vinculación matemática a la situación dinámica expresada en la segunda ley de Newton, porque Galileo no poseía aún, como aquél, una clara percepción del concepto de *masa* [13].

Pero entre los muchos conceptos que introdujo el gran toscano, quizás hubo uno que, curiosamente, no suele mencionarse todo lo frecuentemente que debiera y que, sin embargo, aparte de haber sido una fuente de inspiración para Einstein, tuvo un renacimiento espectacular con la irrupción de la Era Espacial. Se trata, por supuesto, del concepto de "ingravidez", o más exactamente, de *ingravidez dinámica.* He aquí cómo lo expresa en uno de sus diálogos el propio Galileo, por boca de uno de sus amigos:

> Uno siente siempre la presión sobre sus hombros cuando impide el movimiento de una carga que descansa sobre él; pero si uno desciende con la misma rapidez con que caería la carga, ¿cómo puede ella gravitar sobre él o presionarlo? ¿No ves que eso sería lo mismo que tratar de herir a un hombre con una lanza cuando huye de ti con la misma o mayor celeridad con que tú lo estás persiguiendo? Por lo tanto, debes concluir que durante la caída libre y natural, [una] piedra pequeña no presiona sobre la grande encima de la cual está colocada y en consecuencia no aumenta su peso como lo hace cuando están en reposo [10].

Hasta aquí, esta brevísima reseña de los aportes fundamentales de Galileo a la ciencia del movimiento. Como puede comprobarse, las citas seleccionadas proceden de sus obras de madurez, una publicada cuando nuestro hombre tenía 68 años de edad, y terminada la otra cuando andaba por los 72. Evidentemente, son el resultado de largos años de meditación y trabajo, desarrollados en circunstancias peculiares, sobre las cuales vale la pena detenerse.

## Entre la cátedra y el arsenal veneciano

La investigación de las leyes del movimiento de los cuerpos fue un tema recurrente en Galileo a lo largo de toda su vida.

Tenía 19 años cuando, al observar las pequeñas oscilaciones de una lámpara colgante en la catedral de Pisa, descubrió —utilizando el propio pulso a manera de cronómetro— que todas las oscilaciones tardaban igual tiempo en completarse, aun cuando su amplitud disminuyese gradualmente.

Por entonces, hacía dos años que Galileo había comenzado en la Universidad de Pisa sus estudios, probablemente de medicina, que pronto abandonó para estudiar matemáticas. En realidad, parece que éstas nunca le apasionaron demasiado en sí mismas, sino que las veía más bien como instrumento utilísimo para la investigación cuantitativa de las leyes físicas. Es más, cuando, convertido ya —desde 1589— en profesor de matemáticas en la misma universidad donde había estudiado, descubrió la curva denominada cicloide, no se contentó con estudiar sus propiedades puramente geométricas, sino que influyó para que, por puras razones estéticas, se adoptara dicha curva en la configuración del arco de un puente que se construyó después sobre el río Arno.

Durante sus años de estudiante, sin duda inspirado en la obra de Arquímedes —a quien consideraba el genio mayor de la Antigüedad—, Galileo realizó investigaciones sobre el centro de gravedad de los cuerpos y construyó una balanza hidrostática para determinar, de manera más exacta que la atribuida popularmente al gran siracusano, los pesos específicos relativos de los componentes de una aleación de dos metales.

Sin embargo, continuaba apasionándole el estudio del movimiento de los cuerpos. Las notas de clase que redactó al efecto para sus alumnos —tituladas *Sobre el movimiento*— indican que en aquel tiempo nuestro hombre aceptaba la doctrina aristotélica de los "lugares naturales" ocupados por los cuerpos terrestres: la tierra debajo del agua, el aire sobre ella, y el fuego por encima de todo, así como la vaga noción medieval del "ímpetu" poseído por los cuerpos. En cambio, expresaba reservas sobre otros conceptos admitidos tradicionalmente, a la vez que adelantaba algunas ideas de su cosecha.

Galileo incluyó en aquellas notas sus observaciones sobre el péndulo y sobre la caída de los cuerpos a través de diferentes medios. En cambio no escribió allí —ni tampoco en sus otras obras— una sola palabra alusiva al experimento crucial, que se le ha atribuido tradicionalmente, de haber dejado caer dos

FIGURA I.4. *El joven Galileo descubre el isocronismo de las pequeñas oscilaciones del péndulo observando el movimiento oscilatorio de una lámpara colgante en la catedral de Pisa (1583).*

cuerpos de peso muy diferente desde lo alto de la torre inclinada de Pisa, para llegar a la conclusión de que ambos caerían con la misma velocidad de no ser por la resistencia del aire.

En 1591 murió el padre y Galileo pasó a ser el cabeza de familia, con todas las responsabilidades que ello implicaba, en particular las de índole económica. La necesidad de aumentar sus ingresos y el haberse granjeado la animosidad de un miembro de la familia Médicis, le hicieron renunciar a su cargo de profesor en Pisa para ocupar, en septiembre de 1592, la cátedra de matemáticas de la Universidad de Padua, dependiente de Venecia. Poco después comenzó a redactar sus notas de clase tituladas *La mecánica*, donde se resumen sistemáticamente las propiedades estáticas de las máquinas simples utilizadas en la época.

En consonancia con los poderosos intereses mercantiles que desde antiguo dominaban la vida veneciana, Galileo encontró en su nuevo entorno un espíritu tolerante y, con el paso del tiempo, buenos amigos que lo admiraban, coincidiesen o no con sus posiciones filosóficas; entre ellos el teólogo fray Paolo Sarpi, aficionado a las matemáticas y la astronomía, el filósofo averroísta Cesare Cremonini, el diplomático y matemático Giovanni Francesco Sagredo y el noble ilustrado Filippo Salviati.

Por entonces también se incrementaron las relaciones profesionales de Galileo con sabios extranjeros, entre las cuales merece destacarse la muy especial que sostuvo con el gran astrónomo y matemático alemán Johannes Kepler, quien, por cierto, siempre se inclinó con la mayor humildad ante nuestro hombre, y no siempre fue correspondido debidamente —hay que decirlo.

Galileo fundó familia propia en esta etapa de su vida uniéndose, bien que "fuera de matrimonio", a la veneciana Marina Gamba, con la que había de tener dos hijas y un hijo: Virginia, en 1600, Livia, en 1601 y Vincenzio, en 1606. Andando el tiempo, tanto Virginia —su hija preferida— como Livia habían de tomar el hábito.

Como quiera que crecían los gastos familiares (incluidas la dote matrimonial de una de sus hermanas y subvenciones continuas a uno de sus hermanos), Galileo se cargó de clases particulares además de las que debía dar en la Universidad. También, con vistas a ganar algún dinero, patentó una máquina para elevar agua y montó un taller donde empleaba a un mecánico para producir comercialmente instrumentos de dibujo, brújulas, y otros artefactos, entre ellos, el popular "compás geométrico y militar" inventado por él en 1597, que permitía realizar mecánicamente diversos cálculos matemáticos [2]. Nueve años más tarde, además de publicar unas instrucciones sobre el uso del instrumento, construyó un termoscopio, que daba una indicación visual del "grado de calor o frío" de una persona [19].

Las conversaciones que sostuvo Galileo con los artesanos del arsenal de Venecia, sin duda le incitaron a buscarles un fundamento racional a las técnicas de construcción puramente

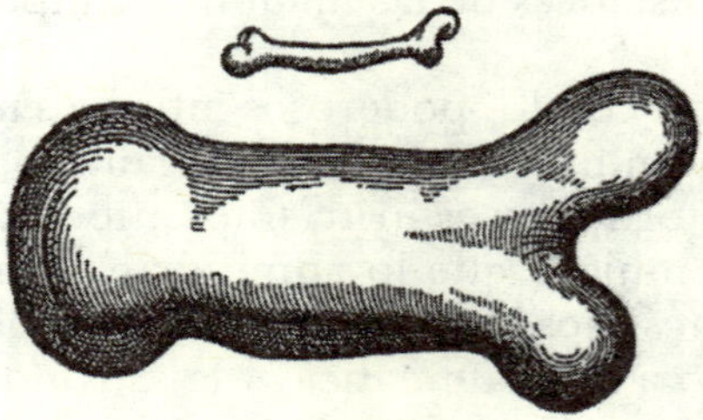

FIGURA I.5. *Huesos homólogos de un animal pequeño (arriba) y otro mucho mayor. Este hueso resultaría debilitado si fuese geométricamente semejante al menor, según Galileo* [10].

empíricas practicadas entonces. Con esta idea, estudió matemáticamente la resistencia a la fractura de barras, vigas y tubos, y aunque varios de sus razonamientos, si bellamente ilustrados en sus *Discursos y demostraciones...* de 1638, eran defectuosos por cuanto suponían inextensibles las fibras de las vigas, de hecho dieron inicio a la primera de las ciencias técnicas: la resistencia de materiales. En este contexto, fundamentó brillantemente la diferencia entre semejanza geométrica y semejanza física.

Con todo, nuestro hombre no se limitaba a examinar cuidadosamente sólo lo que tenía al alcance de la mano. De otra manera no se explicaría su descubrimiento de la supernova que en el año 1604 apareció en la Vía Láctea. Y algo más significativo aún: en una carta de 1597 a Kepler le confesaba que, al igual que éste, hacía muchos años era partidario de las opiniones de Copérnico. También, como Kepler, se dedicó a hacer horóscopos, quién sabe si con la diferencia de que si alguna vez creyó en ellos, sin duda dejó de hacerlo en 1609, cuando falleció Fernando I de Médicis, apenas tres semanas después de haberle pronosticado una larga vida [19].

El mismo año de 1609 Galileo construyó su primer telescopio, a partir de la información —no sabemos cuán detallada— que le llegó de la invención de este instrumento, realizada posiblemente en Holanda. De inmediato llevó su dispositivo a los gobernantes venecianos para que, desde lo alto del campanario de San Marcos, comprobasen su poder de acercamiento. Es verdad que mintió a sabiendas cuando afirmó que se trataba de un artefacto de su exclusiva invención, pero obtuvo lo que buscaba: una duplicación de su estipendio. Engrosada la bolsa, volvió los ojos al cielo, esta vez auxiliado del telescopio.

### Mensajero de los astros

En 1610 Galileo alcanza la cúspide de la fama, como consecuencia de la publicación, en Venecia, de su *Mensajero de los astros* (*Sidereus nuncius*), que escribe en latín para que llegue rápidamente al conocimiento de los astrónomos y filósofos de toda Europa. En la página del título puede leerse que en dicha obra se revelan

> ... grandes y muy admirables espectáculos [... en] la superficie de la Luna, en innumerables Estrellas Fijas, en la Vía Láctea, en las

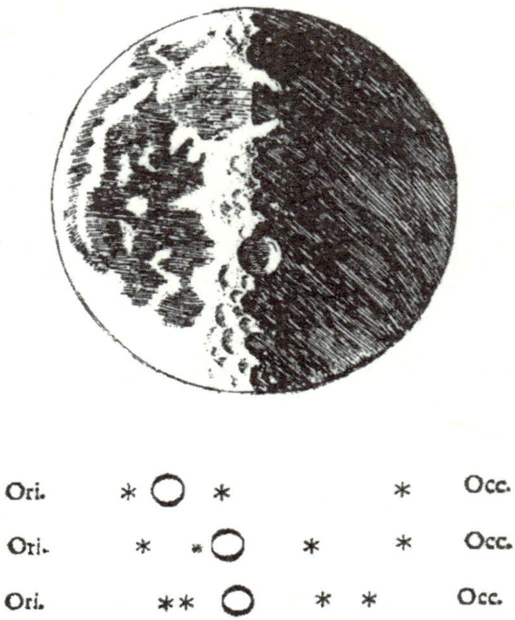


Figura I.6. *Vista de la Luna y posiciones sucesivas de los cuatro satélites mayores de Júpiter, según Galileo (1610).*

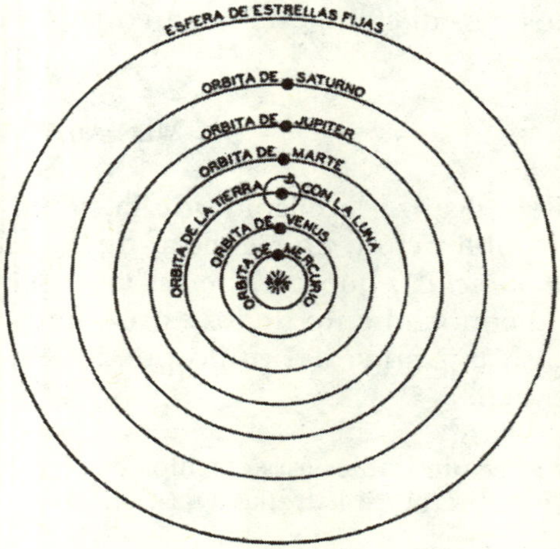


FIGURA I.7. *Sistema heliocéntrico de Copérnico (1543).*

> Nebulosas de Estrellas y sobre todo en CUATRO PLANETAS, que giran en torno a JÚPITER a diferentes distancias y con diferentes períodos, los cuales nadie conocía antes de que el Autor los hubiese descubierto recientemente, y que decidió denominar ASTROS MEDICEOS [6].

Este halago interesado a su antiguo alumno Cosme II de Médicis, rinde los frutos esperados, pues no tarda en contratársele a título de matemático y filósofo principal del Gran Duque. La nueva posición le permite a Galileo, nostálgico de la patria toscana, librarse de las deudas y de la esclavitud de las clases oficiales y privadas, que le impiden consagrarse por entero a la investigación; y librarse también de su mujer, según parece.

Naturalmente, el *Mensajero de los astros* provoca innumerables polémicas, pero cuando el padre Clavius, eminente astrónomo jesuita y primer matemático del Colegio Romano, anuncia que él también ha comprobado la realidad de los nuevos descubrimientos, pese a haber afirmado antes que para ver tales cosas se habría requerido colocarlas previamente en el interior del telescopio, Galileo recibe el espaldarazo que lo consagra ante todos. Al menos en apariencia, porque la Inquisición comienza a tejer sus redes inmediatamente.

Entre finales de aquel magnífico año de 1610 y los primeros días del siguiente, Galileo logra asestar un golpe contundente a la teoría de Tolomeo con el descubrimiento de un hecho, aparentemente inofensivo, que la contradice palmariamente a la vez que concuerda con la teoría copernicana (y también con la híbrida de Tico Brahe): la presencia de fases como las de la Luna en el planeta Venus, acompañadas de cambios en el tamaño aparente de dicho planeta.

El conflicto con los aristotélicos, que no aceptan la evidencia, se agudiza. Los jesuitas y los dominicos —sobre todo estos últimos, defensores a ultranza del dogma católico de la época— se alarman, puesto que Galileo no se limita a defender el heliocentrismo como si se tratase de una hipótesis de trabajo —cosa que están dispuestos a aceptar—, sino como si hablase de la realidad misma, lo cual consideran intolerablemente reñido con la interpretación literal de las Sagradas Escrituras.

Ven en el sabio un personaje cada vez más peligroso desde el punto de vista ideológico, porque es un comunicador formidable, con un gran poder de convencimiento, que escribe en italiano como nadie, de suerte que puede ser comprendido por todos aquellos de sus coterráneos que poseen alguna instrucción, y porque tiene muchos amigos influyentes que lo admiran, entre los cuales destaca nada menos que el cardenal Maffeo Barberini, futuro papa Urbano VIII.

## Genio y figura

Pero dejemos por un momento el detalle de los aportes puramente científicos de Galileo y las nubes de tormenta que se estaban acumulando sobre él, para detenernos brevemente en las peculiaridades de su carácter, asunto por demás interesante, puesto que en lo cotidiano fue la negación misma del que suele imaginarse como típico por antonomasia del hombre de ciencia.

Ese arquetipo se reduce, más o menos, a la imagen del "profesor distraído" —hombre tímido por temperamento, al decir de Bertrand Russell— que, habituado a investigar de modo objetivo las diversas modalidades de los fenómenos de la naturaleza, traslada a sus relaciones con los demás seres humanos su estilo de trabajo profesional, que se supone plácido, circunspecto y exento de malicia.

Cierto es que Galileo, al igual que todos los grandes creadores científicos, poseía una incapacidad absoluta para aceptar como bueno lo que veía oscuro, y una sensibilidad especial para reconocer las explicaciones superficiales e ilógicas, aunque todos en derredor las proclamasen profundas y evidentes. Pero una cosa es reconocer el error y otra, muy distinta y mucho menos frecuente en la historia, proclamarlo, corriendo todos los riesgos, desde el ridículo y la hostilidad general, hasta la tortura y la muerte, llegado el caso. Sobre eso habrá que decir algo más en su momento.

Antes de cumplir los 20 años ya Galileo era conocido por el sobrenombre de "el Discutidor" en la Universidad de Pisa, donde se dedicaba a polemizar con sus profesores, que enseñaban las doctrinas de Aristóteles y de Galeno. Durante el resto de su vida había de mostrar igual desprecio hacia los que él llamaba, peyorativamente, "filosofi in libris". A éstos los combatía despiadadamente, sin perder ocasión de ridiculizarlos mediante su demoledora argumentación.

Probablemente tenga no poca razón el escritor Arthur Koestler cuando afirma que nuestro hombre

> ... tenía el raro don de crearse enemistades; no suscitaba el afecto alternado con la ira, que concitaba, por ejemplo, la personalidad de Tico [Brahe], sino que creaba la hostilidad fría, implacable, que el genio arrogante, sin humildad, crea entre los mediocres [14].

En las polémicas con sus adversarios escolásticos y tolemaicos, sus armas favoritas no pueden ser más pintorescas. Utiliza desde el insulto descarnado hasta el sarcasmo antológico.

Así, a Antonio Rocco, renombrado filósofo y médico, lo cubre de verdaderas injurias, llamándolo "animale", "gran bue", "balordone", "capo durissimo inetto a intender nulla", y otras lindezas por el estilo. Y al enterarse del deceso de Giulio Libri, filósofo y matemático de gran fama, que se había negado a mirar por el telescopio para no dejarse convencer, escribe Galileo, a título de epitafio:

> En Pisa murió el filósofo Libri, impugnador acérrimo de mis satélites, quien, puesto que rehusó mirarlos desde la tierra, los verá tal vez al pasar camino del cielo [5].

COPERNICANO CONVENCIDO

En 1613 Galileo publica, bajo los auspicios de la *Accademia dei Lincei,* sus *Cartas sobre las manchas solares* [7] donde por primera vez aparece impresa su opinión inequívoca en favor de la teoría de Copérnico, que predice no tardará en ser aceptada universalmente. La publicación provoca de inmediato una agria disputa con el jesuita Scheiner sobre la prioridad del descubrimiento de las manchas solares, pero el efecto más trascendente de la difusión de las *Cartas* deriva de que en ellas Galileo plantea abiertamente la cuestión del movimiento de la Tierra.

En diciembre de 1614, el dominico fray Tomasso Caccini truena desde el púlpito de un convento florentino "contra la matemática, arte diabólica, y los matemáticos, fautores de herejías, y hace veladas alusiones a Galileo y a sus discípulos" [5]. En 1615 Galileo es denunciado al Santo Oficio, so pretexto de una carta que escribió en 1613 a su buen amigo, el padre Benedetto Castelli, en la cual se refiere a la interpretación de los fragmentos de la Biblia que parecen entrar en franca contradicción con los hallazgos de la ciencia. En medio del proceso, escribe una carta a la gran duquesa Cristina de Lorena, madre de Cosme de Médicis, donde se extiende sobre el asunto y, entre otras cosas, afirma:

> ... [Es] muy piadoso decir y prudente afirmar que la Sagrada Biblia jamás puede decir algo falso —siempre que se sobreentienda su verdadero significado. Pero creo que nadie negará que a menudo es muy abstrusa, y puede decir cosas que son bien diferentes de lo que significan las meras palabras [1].

Al final, Galileo sale victorioso de aquella primera escaramuza con la Inquisición, pero las nubes de tormenta continúan acumulándose sobre el horizonte.

En el invierno de 1615 a 1616, parte hacia Roma con la esperanza de evitar la inminente condenación de la teoría copernicana por el Santo Oficio. Visita a varios cardenales y otros personajes influyentes, y trata de convencerlos de que la nueva cosmología puede armonizarse con las Sagradas Escrituras. En su informe al cardenal Alessandro d'Este, el canónigo Antonio Quarengo deja una viva imagen del sabio, que lo muestra valiéndose de su dominio del arte de la polémica para destruir los argumentos contrarios. Éstas son sus palabras:

> Aquí tenemos al señor Galileo, quien a menudo en tertulias de hombres de mentalidad curiosa, hace razonamientos estupendos en torno a la opinión de Copérnico, que él cree verdadera. Razona a menudo entre quince o veinte invitados que lo atacan ardientemente, hoy en una casa, mañana en otra. Pero está tan bien fundamentado que se burla de todos ellos; y aunque la novedad de su opinión no deja convencida a la gente, demuestra que son vanos en su mayor parte los argumentos con que sus oponentes tratan de derrotarlo. El lunes, en particular, en casa de Federico Ghisilieri, realizó maravillosas hazañas; y lo que más me gustó fue que, antes de responder a los argumentos contrarios, los extendió y reforzó con nuevos fundamentos que parecían irrebatibles, de suerte que, al demolerlos seguidamente, hizo que todos sus oponentes se vieran de lo más ridículos [5].

Pero todo es inútil: el 24 de febrero de 1616 los padres teólogos rinden su famoso informe en el que declaran, por unanimidad, necia, absurda y formalmente herética la proposición de que "la Tierra no es el centro del mundo ni está inmóvil, sino que se mueve como un todo, y también con un movimiento diario".

El 5 de marzo, la Congregación del Índice prohíbe, hasta que sea corregida, la obra de Copérnico *Sobre las revoluciones de las esferas celestes* (aunque no la declara formalmente herética) y los escritos que sostienen la inmovilidad del Sol y la movilidad de la Tierra.[1]

El atildado Quarengo parece sentirse ahora más tranquilo, pues escribe con ironía:

> Las polémicas del señor Galileo se han convertido en humo de alquimia, ya que el Santo Oficio ha declarado que mantener aquella opinión es discrepar manifiestamente de los dogmas infalibles

[1] En 1757 la Congregación tomó la decisión de omitir del *Índice de los libros prohibidos* su decreto de 1616 que prohibía los libros que defendían esta tesis. Sin embargo, las obras de Copérnico, Kepler y Galileo no fueron efectivamente eliminadas del *Índice* hasta 1835 [4].

de la Iglesia. De modo que, por fin, estamos de nuevo bien asegurados sobre una sólida Tierra, y no tenemos que volar con ella como hormigas que caminan sobre un globo [5].

Rumoreábase en Roma por aquellos días que se había castigado a Galileo y que éste había abjurado de su copernicanismo ante el cardenal Roberto Bellarmino. En realidad, lo que hizo Bellarmino, por encargo expreso del papa Paulo V, fue convocar a nuestro hombre para advertirle personalmente que "la doctrina atribuida a Copérnico [... era] contraria a las Sagradas Escrituras y por tanto no [podía] defenderse o sostenerse" [12].

### SIN EMBARGO SE MUEVE

Galileo no acepta la derrota, pero decide cambiar de táctica. Refrena la lengua en espera de tiempos mejores, y continúa trabajando en silencio. Su prestigio científico es indiscutible dentro y fuera del país, al punto que en agosto de 1620 el cardenal Barberini le envía una composición que ha escrito en su honor.

En 1623 Barberini es elevado al papado con el nombre de Urbano VIII. Poco después, en el propio año, se publica *El ensayador* (*Il saggiatore*) [8], obra que Galileo dedica al nuevo pontífice y que algunos estiman la mayor obra polémica escrita sobre cuestiones relativas a las ciencias físicas.

El éxito de *El ensayador* es enorme, seguramente porque da fe ante el público de algo así como el retorno de un campeón a la liza.

El año de su sexagésimo cumpleaños, Galileo comienza a trabajar en el libro que luego se conocerá como *Diálogo sobre los dos principales sistemas del mundo, el tolemaico y el copernicano* [9], y viaja a Roma para ver a su amigo el Papa, con quien sostiene seis entrevistas.

Aunque había intervenido ante Paulo V para evitar la prohibición absoluta de la obra de Copérnico, Urbano VIII insiste en que el punto de vista copernicano se trate exclusivamente a título de mera hipótesis y no como expresión de la realidad. En particular, argumenta que equivaldría a imponerle una limitación inadmisible a la omnipotencia divina la suposición

DIALOGO
DI
GALILEO GALILEI LINCEO
MATEMATICO SOPRAORDINARIO
DELLO STVDIO DI PISA.
*E Filosofo, e Matematico primario del*
SERENISSIMO
GR.DVCA DI TOSCANA.
Doue ne i congressi di quattro giornate si discorre
sopra i due
MASSIMI SISTEMI DEL MONDO
TOLEMAICO, E COPERNICANO;
*Proponendo indeterminatamente le ragioni Filosofiche, e Naturali*
*tanto per l'vna, quanto per l'altra parte.*
CON PRI VILEGI.
IN FIORENZA, Per Gio:Batista Landini MDCXXXII.
*CON LICENZA DE' SVPERIORI.*

FIGURA I.8. *Portada del* Diálogo sobre los dos principales sistemas del mundo, el tolemaico y el copernicano. *(Florencia, 1632.)*

(equivocada) de Galileo, de que las mareas son una "prueba física" del doble movimiento de la tierra [12].

En 1630 Galileo repite la visita con el propósito de solicitar del Sumo Pontífice su respaldo a la publicación del *Diálogo*. Éste se publica finalmente en 1632, luego de casi dos años de dificultades para conseguir la licencia de impresión.

FIGURA I.9. *Galileo ante el tribunal de la Inquisición. (Fresco de Barabino en el palacio Celesia, Génova.)*

En la obra —considerada, por cierto, como un clásico de la prosa italiana— se compara el modelo de Tolomeo del Sistema Solar con el de Copérnico, en forma de discusión dialogada, cortés e ingeniosa, entre el filósofo aristotélico Simplicio, defensor del primer modelo, y el ilustrado Salviati, defensor del segundo. Aparentemente, ambos hacen todo lo que pueden por convencer de sus respectivos puntos de vista al supuestamente neutral Sagredo. Hablando casi siempre por boca de Salviati, Galileo se esfuerza en acumular evidencias en favor del modelo copernicano, siempre bajo la forma de una conversación amigable. Y aunque insiste al efecto en algún argumento que hoy sabemos falso (en particular, su explicación de las mareas, contraria a la de Kepler, que era la correcta), expone por primera vez toda una serie de conceptos científicos trascendentales.

La aparente corrección del *Diálogo sobre los dos principales sistemas del mundo* despista inicialmente los inquisidores, no así a los italianos cultos que lo leen. Poco tarda en hacerse clara la intención verdadera, y cuando el papa Urbano VIII se da cuenta de que su propio argumento favorito ha sido puesto en boca de Simplicio, el necio interlocutor aristotélico del libro, monta en cólera y ordena, el 23 de septiembre de 1632, que Galileo comparezca en Roma ante el Santo Oficio.

La historia del escandaloso proceso es bien conocida y no hay por qué repetirla aquí con lujo de detalles. En fin de cuentas, a Galileo le tocó en suerte ser el protagonista del acto final de la lucha que durante más de dos mil años había venido librando la ciencia en formación contra las cosmologías sobrenaturales establecidas, para las cuales el hecho de que la Tierra fuera o no el centro del universo, siempre tuvo una gran importancia, como se desprende, por ejemplo, de las acusaciones de irreligiosidad lanzadas en la Antigüedad griega contra Anaxágoras y Aristarco.

En la mañana del 22 de junio de 1633, a lomos de mula y vestido de penitente, Galileo fue sacado de las prisiones del Santo Oficio y conducido a la gran sala del convento dominico de *Santa Maria sopra Minerva.* Ante el tribunal allí reunido solemnemente le fue leída la sentencia:

Decimos, pronunciamos, sentenciamos y declaramos que tú, Galileo susodicho, por los motivos expuestos en el proceso y por ti

FIGURA I.10. *Galileo a la edad de 71 años. Retrato de I. Sustermans. (Galería de los Uffici, Florencia.)*

confesados más arriba, te has hecho, para este Santo Oficio, vehementemente sospechoso de herejía por cuanto has creído y sostenido una doctrina falsa y contraria a las Sagradas y Divinas Escrituras, a saber, que el Sol es el centro del mundo y que no se mueve de este a oeste, y que la Tierra se mueve y no es el centro del mundo; y que se puede tener y defender como probable una opinión, tras haber sido declarada y definida como contraria a la Sagrada Escritura; y que, por consiguiente, tú has incurrido en todas las censuras y penas impuestas y promulgadas en los sagrados cánones y otras constituciones, generales y particulares, contra tales delincuentes. De las cuales nos satisface que seas absuelto, a condición de que, de todo corazón y con fe no fingida, ante nosotros abjures, maldigas y detestes los susodichos errores y cualesquiera otros errores y herejías contrarios a la Iglesia Católica, Apostólica y Romana, de la forma y manera que nosotros te impondremos.

FIGURA I.11. *Sor María Celeste.*

Y para que tu grave y pernicioso error y transgresión no quede del todo impune, y seas más cauto en el futuro, y sirvas de ejemplo a otros para que se abstengan de cometer delitos similares, ordenamos que por público edicto sea prohibido el libro de los *Diálogos* de Galileo Galilei.

Te condenamos a reclusión formal en este Santo Oficio, a nuestro arbitrio, y como saludable penitencia, te imponemos que durante los tres años siguientes reces, una vez a la semana, los siete Salmos expiatorios. Nos reservamos la libertad de moderar, conmutar, o quitar, en todo o en parte las mencionadas penas y penitencias [4, 5].

Acto seguido el anciano sabio hubo de pronunciar, de rodillas y en camisa, la humillante abjuración que le había sido impuesta. Era el precio a que se había avenido para eludir la tortura y la hoguera. Desde el punto de vista de la historia de la ciencia, un precio muy razonable, pues todavía le quedaban ocho años y medio de vida, en los que tuvo la oportunidad de publicar su gran obra de madurez. Pero desde el punto de vista moral, la humillación a que debió someterse le amargó el resto de su existencia.

Yo arrastro todavía mi cadena —escribió a un amigo extranjero—, confinado en el estrecho espacio de una granja, pero este estrecho espacio no embota ni encadena mi inteligencia, gracias a la cual tengo pensamientos libres y dignos de un hombre; y soporto con serenidad esta desierta estrechez del campo que me encierra como si ello debiera serme útil. Puesto que efectivamente la muerte se aproxima a mi vejez ya en ocaso, he de afrontarla más valerosamente si las pocas [hectáreas] de mi granja me van habituando a las tres brazas de la tumba: no han de amortajarse aquí al mismo tiempo mi cuerpo y mi nombre [17].

El primer año de confinamiento había sido particularmente doloroso para el recluso, pues el 2 de abril de 1634 falleció su hija Virginia. Por entonces escribió a un amigo: "me siento llamar continuamente por mi dilecta hija [...,] una mujer de mente exquisita y singular bondad, unida a mí con la mayor de las ternuras". De ella se conservan numerosas cartas a su padre, escritas a partir de 1616, cuando ingresó en el convento de San Mateo, en Arcetri, tomando el nombre de sor María Celeste, en evidente homenaje al autor de sus días, unos siete meses después de la condena explícita de la doctrina copernicana por la Inquisición.

Pese a que Galileo ha sido condenado a encarcelamiento formal por el Santo Oficio, no se le encierra en una mazmorra, sino que se le permite inicialmente cumplir la condena en los jardines de la embajada toscana en Roma, luego en Siena, en la casa de un arzobispo amigo y, por último —a partir de los primeros días de diciembre de 1633—, en su propia villa de Arcetri, cerca de Florencia, a condición expresa de que no cite ni reciba a nadie para conversar, mientras el Papa no disponga otra cosa.

Con el tiempo, las restricciones ceden un tanto. Así, en septiembre de 1635, el pintor Sustermans termina un retrato de Galileo, que éste envía como regalo a Elia Diodati, en París, y que hoy se encuentra en la Galería de los Uffici. En octubre del mismo año, nuestro hombre es autorizado a viajar a un pueblo cercano para encontrarse con un antiguo discípulo suyo de Padua, recién designado embajador de Francia en Roma, y tres o cuatro años más tarde recibe la visita del joven poeta inglés John Milton, que por entonces se encuentra realizando un "grand tour" por el continente europeo [4].

Mientras tanto, a la vez que de alguna manera se mantiene en contacto con discípulos tan eminentes como el padre Benedetto Castelli, Evangelista Torricelli y Bonaventura Cavalieri, continúa trabajando científicamente, incluso después de haber perdido totalmente la vista, a fines de 1637. Cuatro años más tarde, se le permite a Torricelli pasar a Arcetri a colaborar con Galileo, al igual que desde 1639 venía haciéndolo Vincenzio Viviani, por recomendación del Gran Duque de Toscana [15:342-355].

En julio de 1638, luego de haber fracasado en el intento con los editores venecianos, Galileo logra publicar subrepticiamente, en Leyden, la que se considera primera gran obra de la física moderna, los *Discursos y demostraciones matemáticas en torno a dos nuevas ciencias.*

El 8 de marzo de 1642, cumplidos los 78 años de edad, muere Galileo en Arcetri. El Papa, que había rechazado de plano acceder a darle la libertad sólo tres años antes, prohíbe al Gran Duque erigirle un monumento si en él se pone alguna palabra que pueda "ofender la reputación del Santo Oficio".

Nada tiene de particular, pues, que el "caso Galileo" se constituyese en caballo de batalla de los enciclopedistas del Siglo de las Luces, quienes llegaron a demandar de su contemporáneo el papa Benedicto XIV —a quien consideraban un "amigo de los científicos y hombre de ciencia él mismo"— que "dictase reglas sobre el asunto a los inquisidores, como ya lo [había] hecho sobre otras cuestiones más importantes" [4:517].

Pero ni Benedicto XIV ni ninguno de sus sucesores hasta nuestros días lograron vencer lo que Fantoli ha llamado las "fuerzas de inercia" entronizadas en los organismos centrales de la Iglesia, como pudiera deducirse de las palabras que en noviembre de 1979, a propósito de la celebración del centenario del nacimiento de Albert Einstein, pronunció el papa Juan Pablo II:

> La grandeza de Galileo es conocida de todos, como la de Einstein; pero contrariamente a este último, a quien estamos rindiendo homenaje ante el Colegio de Cardenales en el palacio apostólico, el primero tuvo que sufrir mucho —no podemos ocultar el hecho— a manos de hombres y organismos de la Iglesia [...] Espero que teólogos, eruditos e historiadores, animados de un espíritu de sincera colaboración, estudien el caso Galileo más profundamente y, en leal reconocimiento de las culpas de cualquier lado que vengan, disipen la desconfianza que todavía se opone, en muchas

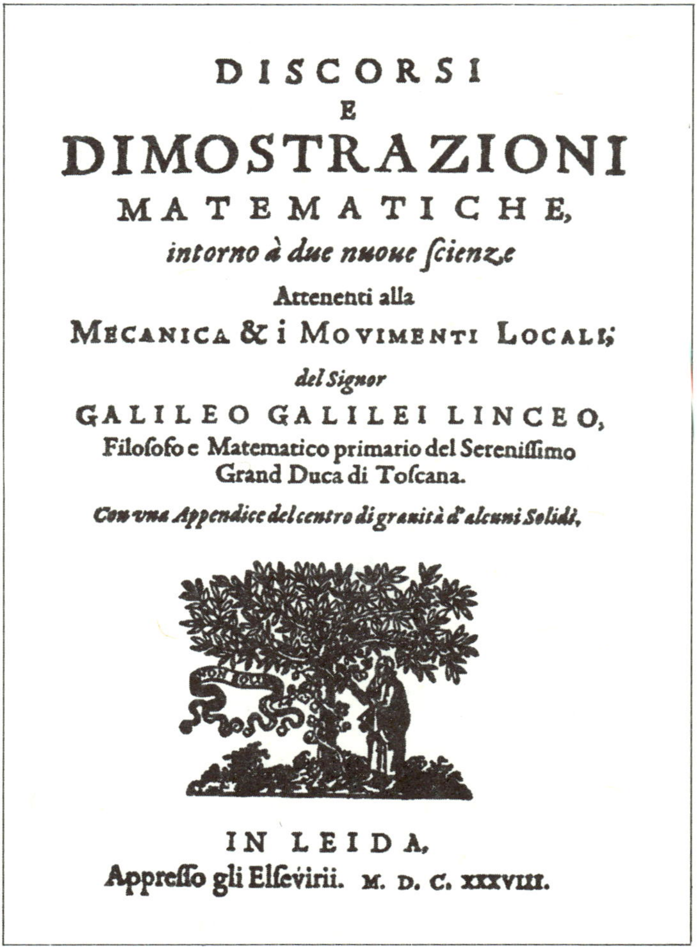
DISCORSI
E
DIMOSTRAZIONI
MATEMATICHE,
*intorno à due nuoue ſcienze*
Attenenti alla
MECANICA & i MOVIMENTI LOCALI;
*del Signor*
GALILEO GALILEI LINCEO,
Filoſofo e Matematico primario del Sereniſſimo
Grand Duca di Toſcana.
*Con una Appendice del centro di grauità d'alcuni Solidi.*

IN LEIDA,
Appreſſo gli Elſevirii. M. D. C. XXXVIII.

FIGURA I.12. *Portada de los* Discursos y demostraciones matemáticas en torno a dos nuevas ciencias. *(Leyden, 1638.)*

mentes, a una fructífera concordia entre la ciencia y la fe, entre la Iglesia y el mundo. Doy todo mi apoyo esta tarea… [4].

Mientras tanto, la espera continúa. En el mejor de los casos, la exoneración formal del acusado llegaría con siglos de retraso. Es una casualidad que el año de la muerte de Galileo haya coincidido con el del nacimiento de Isaac Newton, según el calendario que regía entonces en Inglaterra; sin duda, no es más que otra curiosa coincidencia que Galileo haya venido al mundo sólo tres días antes de que lo abandonara su paisano Miguel Ángel. Pero no puede sino maravillarnos el hecho de que ambos acontecimientos simbolizan a la perfección los antípodas que se reúnen en nuestro hombre: arte y ciencia, Renacimiento y época científica moderna.

Si a Newton, con su dinámica universal, y no a Galileo, le estaba reservada la gloria de inaugurar la Edad de la Razón, esta circunstancia no disminuye en absoluto el valor de la obra del raro precursor y profeta de aquella ciencia, a quien con indudable justicia pueden aplicársele las palabras que él mismo escribió una vez en elogio de William Gilbert:

> Dedicarse a grandes invenciones partiendo de los comienzos más insignificantes y discernir que pueden ocultarse artes maravillosas bajo una apariencia trivial e infantil, no es cosa para mentes ordinarias, sino conceptos y pensamientos para talentos sobrehumanos [9].

## REFERENCIAS


[1] Drake, S. (1957), *Discoveries and opinions of Galileo*, Doubleday Anchor, Nueva York.

[2] ——— (1976), "Galileo and the first mechanical computing device", *Scientific American*, 234(4/Abr.):104-113.

[3] Drake, S. y MacLachlan, J. (1975), "Galileo's discovery of the parabolic trajectory", *Scientific American*, 232(3/Mar.): 102-110.

[4] Fantoli, A. (1996), *Galileo for Copernicanism and for the Church* / Studi Galileiani, 3, 2ª ed., Observatorio Vaticano, Ciudad del Vaticano.

[5] Flora, F. (1954), "Il processo di Galileo", en Viviani, V., *Vita di Galileo*, Rizzoli, Milán, pp. 69-161.

[6] Galilei, G. (1610), "El mensajero sideral", en *Galileo-IV centenario*, Academia de Ciencias de Cuba, La Habana, 1966, pp. 99-134.

[7] ——— (1613), "Historia y demostraciones en relación con las manchas solares y sus fenómenos", en *Galileo-IV centenario*, Academia de Ciencias de Cuba, La Habana, 1966, pp. 135-188.

[8] ——— (1623), "El ensayador", en *Galileo-IV centenario*, Academia de Ciencias de Cuba, La Habana, 1966, pp.189-234.

[9] ——— (1632), *Dialogo di Galileo Galilei Linceo* [...] *sopra i due massimi sistemi del mondo tolemaico, e copernicano; proponendo indeterminatamente le ragioni filosofiche, e naturali tanto per l'una, quanto per l'altra parte*, Culture et Civilisation, Bruselas, 1966. [Ed. facsimilar].
[10] ——— (1638), *Dialogues concerning two new sciences*, Macmillan, Nueva York, 1914 [Reimp. de Dover].
[11] Gilbert, W. (1600), *De Magnete*, Dover, Nueva York, 1958.
[12] Gingerich, O. (1982), "The Galileo Affair", *Scientific American*, 247 (2/Ago.):118-127.
[13] Jammer, M. (1957), *Concepts of force: A study in the foundations of mechanics*, Harper, Nueva York, 1962.
[14] Koestler, A. (1959), *Los sonámbulos*, CONACYT, México, 1981.
[15] Kouznetsov, B (1973), *Galileo Galilei*, Ed. Científico-Técnica, La Habana, 1981.
[16] Koyré, A. (1939), *Études galiléennes III / Galilée et la loi d'inertie*, Hermann, París.
[17] Laberénne, P. (1936), *El origen de los mundos*, Leviatán, Buenos Aires, 1956.
[18] Schurmann, P. F. (1946), *Historia de la física*, 1, 2ª ed., Nova, Buenos Aires.
[19] Seeger, R. J. (1966), *Galileo Galilei, his life and his works*, Pergamon Press, Oxford.
[20] Thuiller, P. (1983), "Galilée et l'expérimentation", *La Recherche*, (143/Abr.):442-454.
[21] Vives, J. L. (1531), "De las disciplinas", en *Obras completas*, 2, Aguilar, Madrid, 1948, pp. 337-687.

# II. Maxwell y la extraña magia de sus ecuaciones

> ... fue siempre de apacible condición y de agradable trato, y por esto no sólo era bien querido de los de su casa, sino de todos cuantos le conocían.
>
> MIGUEL DE CERVANTES, *Don Quijote*

AL DESCUBRIRSE que los planetas se mueven alrededor del Sol en órbitas elípticas, la curva geométrica denominada elipse adquirió un significado particular para la ciencia, si bien el estudio de la mayor parte de las propiedades puramente geométricas de aquella curva —tanto como las del resto de la familia de las secciones cónicas, a la cual pertenece— databa de muchos siglos.

De antiguo se sabe que la manera más fácil de dibujar una elipse consiste en tensar un hilo atado en lazo entre dos alfileres clavados sobre una superficie plana y la punta de un lápiz que se mueve perpendicularmente a dicha superficie hasta trazar una curva cerrada. La curva oval resultante, convenientemente idealizada, puede definirse entonces como el conjunto de puntos la suma de cuyas distancias a dos puntos fijos llamados focos, es constante. Si en esta definición en lugar de la suma tomamos la diferencia, el resultado sería otra sección cónica denominada hipérbola.

### Un investigador muy joven

En realidad, la anterior referencia a un tema de geometría no tendría razón de ser aquí si no fuera por el hecho de que constituye un buen punto de partida para nuestra historia. Enseguida veremos por qué.

Ocurre que en las memorias de la Royal Society de Edimburgo correspondientes a abril de 1846 aparece una comunicación científica titulada "Sobre la descripción de las curvas ovales, y las que tienen una pluralidad de focos; con notas del profesor Forbes". A continuación se lee: "El Sr. Clerk Maxwell sugiere ingeniosamente la extensión de la teoría común de los focos de las secciones cónicas a curvas de mayor grado de complicación, de la siguiente manera... [17]" y continúa el desarrollo del trabajo, cuya lectura corrió a cargo del propio profesor Forbes.

Se trataba, en efecto, de una novedosa e interesante generalización matemática, que incluía curvas como el llamado "primer óvalo de Descartes", cuyas notables propiedades ópticas habían sido ya estudiadas por Newton y por Huygens. Esa, sin embargo, era apenas una de las consecuencias de la investigación; casi todas las demás eran nuevas.

Pero es innecesario proseguir aquí con la exposición de otros detalles, porque, a decir verdad, no interesan particularmente en sí mismos. Lo más llamativo es que el autor del trabajo, James Clerk Maxwell, tenía en aquel entonces apenas 14 años de edad. Según anotó en su diario el padre del muchacho, la exposición "fue acogida con grandísima atención y con aprobación general", lo cual, naturalmente, le abrió al joven investigador las puertas de los círculos científicos de Edimburgo.

A lo largo de los restantes 34 años de su vida, James Clerk Maxwell realizó muchas investigaciones científicas importantes y obtuvo resultados tan significativos que se le considera generalmente el físico teórico más prominente del siglo XIX. Entre sus contribuciones más importantes a la ciencia se cuentan las ecuaciones de los fenómenos electromagnéticos que llevan tanto su nombre como la peculiar impronta de su genio.

El padre de James había heredado una pequeña finca —Middlebie— en el sudoeste de Escocia, pero como la propiedad procedía de la familia Maxwell por vía matrimonial, John Clerk decidió añadir aquel apellido al suyo, siguiendo una costumbre bastante común entre las familias escocesas acomodadas.

Con todo, mientras fue soltero, John Clerk Maxwell no mostró ninguna afición al campo; por el contrario, pasaba la vida en la vieja y gris, pero culta, capital de Escocia, y lo más curioso es que, pese a ser abogado de profesión, siempre tuvo gran interés por todo lo relacionado con cuestiones prácticas y técnicas, y solía concurrir a las reuniones científicas de la Royal Society de Edimburgo. Al casarse, empero, cambió sus hábitos e hizo construir en su finca una casa de vivienda confortable, que él mismo proyectó, a la que puso el nombre de Glenlair.

Para que su esposa Frances pudiera recibir una atención médica mejor, John quiso que diera a luz en Edimburgo, donde, en efecto, le nació a la pareja su único hijo, James, el 13 de junio de 1831, dos meses y medio antes de que el fenómeno de la inducción electromagnética fuera descubierto por Michael Faraday, cuyas ideas, por cierto, habrían de constituir, andando el tiempo, la base misma de la teoría maxwelliana del campo electromagnético.

James, que se crió en Glenlair hasta los diez años, desde muy pequeño dio muestras de una persistente curiosidad por conocer con exactitud el funcionamiento de cuanta cosa mecánica existía en derredor. Tenía apenas tres años de edad cuando su madre escribió a una parienta:

FIGURA II.1. *"Jamesie" juega con su padre y el perro. (Acuarela pintada por una prima de Maxwell.)*

> Es un [niño] muy feliz y ha mejorado mucho desde que se moderó el tiempo; anda muy atareado con las puertas, cerraduras, llaves, etc., y siempre está diciendo: "Muéstrame cómo es eso". También investiga el curso oculto de las corrientes de agua y los alambres de las campanillas, la forma en que el agua pasa del estanque a través de la pared [...] y baja por el desagüe al arroyo [...] En cuanto a las campanillas, no se enmohecerán; vigila en la cocina [... o tira de los cordones], y envía a Bessy para que observe si suenan y grite para hacérselo saber, y arrastra a papá por todas partes, para mostrarle los huecos por donde pasan los alambres [11].

Tampoco era un niño fácil de contentar con una explicación más o menos para salir del paso. Cuando a una de sus preguntas típicas: "¿Cómo funciona eso?", se le respondía con una aclaración imprecisa, volvía a la carga con esta otra: "¿Pero cómo funciona eso *en particular?*"

Cuando James tenía diez años de edad, falleció su madre, y el padre lo puso a cargo de unos parientes en la capital escocesa. Se le matriculó en la Academia de Edimburgo, donde al principio fue víctima de las muchas burlas y trastadas que le hicieron los compañeros por sus rarezas, su acento campesino y su extraña indumentaria, que había sido expresamente diseñada por su padre con miras a la comodidad, pero con total desprecio de la moda. En aquella época le pusieron un apodo, "Daftie", que viene a significar algo así como "Locuelo". Pero acabó ganándose el respeto de sus condiscípulos no sólo por sus cualidades intelectuales, sino por su bondad natural y su conducta espartana ante las duras pruebas a que ellos mismos lo habían sometido.

En la escuela, pronto se destacó por sus aptitudes nada comunes para la matemática —la geometría en particular— y por la originalidad de su pensamiento en este campo. Así, en carta al padre, con quien se había identificado mucho, sobre todo después de la muerte de la madre, le dice que ha construido "un tetra edro, un dodeca edro, y dos edros más cuyo nombre correcto no conozco"[16].

Cuando apenas contaba 14 años, con el fin de satisfacer una necesidad planteada por un conocido artista decorativo de Edimburgo, Maxwell se dio a la tarea de hallar un procedimiento sencillo para trazar óvalos perfectos, lo cual lo llevó a realizar la investigación vinculada a dichas figuras geométricas que mencionamos al principio. Con todo, sólo obtuvo en el colegio el tercer lugar en matemática. El primer lugar le había correspondido a Peter G. Tait, quien, andando el tiempo, había de destacarse como físico, y el segundo a Lewis Campbell, quien había de sobresalir posteriormente como notable filólogo clásico y también como biógrafo de Maxwell. Los tres continuaron siendo buenos amigos durante toda su vida.

## En la Universidad

A los 16 años, ingresa en la Universidad de Edimburgo, donde le apasionan inmediatamente tanto las conferencias del profesor Hamilton sobre "filosofía mental" (lógica y filosofía), como sobre "filosofía natural" (física), dictadas por el profesor James D. Forbes, quien había de poner especial empeño en la formación de su extraordinario alumno.

En 1849 presenta a la Royal Society de Edimburgo otro trabajo matemático, esta vez sobre la teoría de las curvas denominadas ruletas, y al año siguiente, su primer trabajo de investigación de física teórica, en forma de un largo artículo titulado "Sobre el equilibrio de los sólidos elásticos". Pero ya antes había estado también muy activo en el laboratorio bajo la dirección de Forbes. Añádase aquí que unos contactos sostenidos con Nicol, el inventor del prisma polarizante, provocaron en el joven el interés por el estudio experimental de la luz polarizada, que realizó con instrumentos construidos por él mismo. No tardó en aprovechar los conocimientos de óptica así adquiridos para aplicarlos a la comprobación experimental de su propia teoría de los sólidos elásticos.

Esta capacidad para combinar acertadamente la física matemática con las habilidades del experimentador, que incluso construye sus propios instrumentos cuando es necesario, se destaca desde el principio como uno de los rasgos característicos de la personalidad científica de Maxwell.

Leía ávidamente, meditaba mucho y no dejaba pasar oportunidad alguna de realizar un experimento, fuese éste de física, de química o de cualquier otra cosa, aun en circunstancias insólitas. Según cuentan,

> Cuando estaba a la mesa, a menudo parecía abstraído de lo que sucedía en derredor, absorto en la observación de la luz refractada en las piedras de los anillos, o tratando de hacer un experimento con sus ojos: mirando con el rabillo del ojo, haciendo estereoscopios invisibles, etc. Miss Cay [su tía] solía llamarle la atención gritándole: "Jamesie, estás en una *prop* [abreviatura de 'proposición matemática']" [17].

En 1850 Maxwell pasó a continuar sus estudios en Cambridge, la famosa universidad inglesa. Era entonces un joven trigueño, bajo (alrededor de 1.60 m de estatura), miope, tímido y reservado con los desconocidos. En cuanto a sus excentricidades, es de presumir que aun en Cambridge algunas de ellas debieron de causar cierta perplejidad, como el curioso hábito que había desarrollado a partir de sus teorías sobre la economía del sueño. Dormía, en efecto, desde las 5:00 de la tarde hasta las 9:30 de la noche, y leía intensamente desde las 10:00 de la noche hasta las 2:00 de la madrugada; hacía luego ejercicios físicos, que incluían correr por los pasillos y subir y bajar las escaleras, hasta las 2:30 de la madrugada (con la probable desaprobación de sus compañeros de albergue, por ra-

FIGURA II.2. *Maxwell, a los 24 años de edad, en Cambridge. Sostiene en las manos el aparato que utilizaba entonces en sus experimentos sobre visión de los colores.*

zones obvias), y se retiraba de nuevo a dormir hasta las 7:00 de la mañana.

Maxwell era muy estimado en el círculo de sus íntimos. Uno de ellos lo recuerda, en efecto, como "el más afable de los compañeros, proponente de más de una extraña teoría, autor de más de un juego de ingenio en verso [16]".

Por sus cualidades tanto intelectuales como sociales, fue elegido al selecto club de alumnos de Cambridge denominado "Los Apóstoles", cuyo objetivo era promover la mutua ilustración de sus doce únicos miembros mediante ponencias y discusiones sobre los temas más variados. Maxwell se hacía notar por la profundidad de su pensamiento en los problemas de carácter especulativo, así como por su afición a la literatura inglesa, especialmente la poesía. Componía ingeniosos epigramas en los que a menudo afloraba un humor seco y sarcástico.

Algunos han querido ver en los ensayos que escribió para el club, el origen de la excelente calidad de su prosa científica posterior.

Al ingresar en Cambridge, la masa de variadísimos conocimientos que dominaba Maxwell, producto de sus lecturas e investigaciones, era tan colosal como desordenada. Esto último había de remediarse durante los cuatro años siguientes, en que se dedicó en cuerpo y alma a trabajar sistemáticamente sus cursos universitarios. No obstante, todavía le quedaba tiempo para explicar algunas materias en unos cursos nocturnos extraoficiales que se organizaban para artesanos [5].

William Hopkins, famoso entrenador de matemática en aquella época, reconoció muy pronto la calidad intelectual de su alumno, de quien dijo que era el hombre más extraordinario que había conocido, y que "[parecía] imposible que [pensara] incorrectamente sobre cuestiones de física [16]".

Había ya entonces cursos destinados a los alumnos con aptitudes especiales para la matemática, quienes debían demostrar su aprovechamiento y capacidad en un "examen final de honor", particularmente duro, conocido como el "Mathematics Tripos" en la Universidad de Cambridge. Los nombres de los estudiantes que lograban aprobarlo se daban a la publicidad siguiendo el orden de las calificaciones obtenidas. Cuando Maxwell se presentó al Tripos, en 1854, había estado padeciendo, desde el año anterior, los efectos de una intensa crisis emocional de causa desconocida, y lo consumía la fiebre. Realizó el examen con las piernas y los pies envueltos en una manta, según las instrucciones de su padre, pero así y todo quedó en segundo lugar. El primero le correspondió a Edward John Routh, quien, andando el tiempo, hizo importantes contribuciones a la dinámica. Poco después, ambos compitieron de nuevo por un galardón aún más difícil de obtener, esta vez por el premio Smith, y quedaron empatados en el primer lugar.

## Entre el aula y los anillos de Saturno

Poco después de graduarse, en 1855, Maxwell fue elegido *fellow* del Trinity College de Cambridge. Sus deberes principales consistían en dar conferencias a los estudiantes y dirigirlos en sus estudios. Pero en aquellos tiempos en que había relativamente pocos alumnos, el cargo tenía el atractivo especial de que dejaba bastante tiempo para estudiar e investigar.

De inmediato, Maxwell se sumergió en sus investigaciones sobre distintas cuestiones de geometría, mecánica, instrumentos mecánicos y ópticos, y en particular, las relativas a la percepción de los colores, asunto al que retornaría una y otra vez a lo largo de los años. Sin embargo, por lo que vino después, ocupa un lugar especial en su producción científica de este periodo un artículo titulado "Sobre las líneas de fuerza de Faraday", que leyó el 11 de diciembre de 1855 ante la Philosophical Society de Cambridge. En esencia, intentaba demostrar en este trabajo que las ideas físicas desarrolladas por Faraday no eran incompatibles con la formulación matemática de las acciones eléctricas elaborada por Poisson y otros.

En Cambridge disfrutaba Maxwell de condiciones óptimas para su trabajo. Participaba en numerosas actividades científicas y literarias, y no le faltaban buenos amigos. Sin embargo, al conocer que había quedado vacante la cátedra de física del Marischal College, en Aberdeen, se presentó como aspirante a ocuparla. La razón de esta decisión parece haber sido el deseo de estar cerca de su padre enfermo, en Glenlair, durante las largas vacaciones de la universidad escocesa. Pero si bien la cátedra le fue concedida en abril de 1856, la muerte del padre, ocurrida sólo unos días antes, frustró su intención original.

Las nuevas responsabilidades docentes le resultaron al joven catedrático más difíciles de lo que había esperado. La mediocridad general del ambiente era lo peor:

> Quieren profesores que sea gente mediocre [escribía], que se interese en enseñar lo que satisfaga a pequeños grupos, y que se encuentre bajo la influencia de los padres y la prensa local más de lo que se encontrarían hombres mejor pagados en una [universidad] mayor. [...] Aquí no se entiende ninguna clase de chistes. No he hecho uno solo en dos meses, ¡y si siento que se me ocurre uno, tengo que morderme la lengua! [11]

Pese a todo, decidió optar por el premio Adams, que debía otorgarse a aquel concursante que ofreciese la solución más satisfactoria al problema de la estabilidad mecánica de los anillos del planeta Saturno, a partir de estas tres hipótesis: anillos

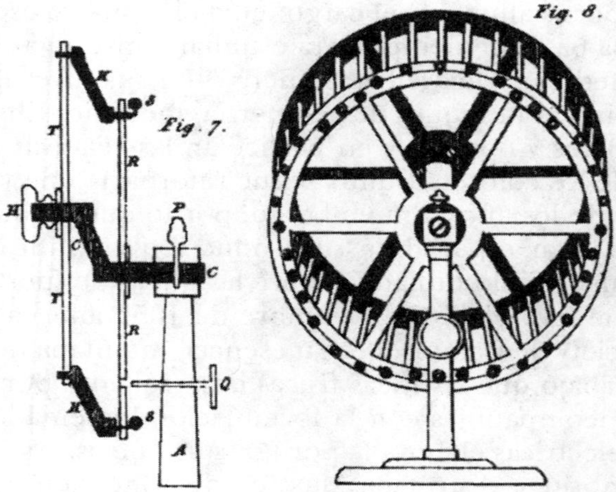


FIGURA II.3. *Modelo mecánico ideado por Maxwell para ilustrar su teoría sobre los anillos de Saturno, según la cual éstos se componen de partículas sólidas independientes.*

rígidos, anillos de material fluido (líquido o gaseoso) o anillos constituidos por cuerpos sólidos independientes.

Maxwell se lanzó a la tarea con gran entusiasmo y una dedicación obsesiva. Finalmente, logró demostrar que sólo era posible admitir razonablemente la hipótesis de las partículas sueltas, tal como hoy se sabe. Para ilustrar el complicado movimiento de las partículas diseñó e hizo construir un modelo mecánico. De su larga exposición, titulada "Sobre la estabilidad del movimiento de los anillos de Saturno", que le valió el premio, dijo el astrónomo real, George Airy, que era una de las más notables aplicaciones de la matemática a la física que había visto. Aun después de haber obtenido el galardón, continuó trabajando intensamente sobre el asunto, como revela una carta suya a un amigo, fechada en agosto de 1857, donde, entre otras cosas, dice:

> He estado batallando con Saturno, y retornando a la carga a cada rato. He abierto varias brechas en el anillo sólido, y ahora estoy chapoteando en el líquido, en medio de un fragor de símbolos verdaderamente pasmoso. Cuando reaparezca, lo haré en el anillo pulverulento... [11]

Meses después, todavía escribe a otro amigo:

> Estoy muy ocupado con Saturno, encima de mi trabajo normal. Todo lo he remodelado y rehecho, pero aún tengo por hacer... [11]

Los resultados de todo este esfuerzo tesonero fueron recogidos en un volumen que vio la luz en 1859. Un año antes, había contraído matrimonio con Katherine Mary Dewar, hija del director del Marischal College.

Uno de los alumnos de Maxwell en esta época —David Gill, que fue después un astrónomo distinguido— describió la situación de su antiguo profesor en los siguientes términos:

> En aquellos tiempos un profesor era poco más que un maestro de escuela: Maxwell no era un buen maestro de escuela; sólo cuatro o cinco de nosotros, en un aula de setenta u ochenta alumnos, logramos sacar algo. Solíamos quedarnos con él un par de horas después de las conferencias, hasta que su terrible mujer venía y lo arrastraba a una pobre comida a las tres de la tarde. En lo que a él se refiere, era la más deliciosa y simpática de las personas; frecuentemente se ensimismaba; de pronto despertaba, y entonces hablaba sobre lo que había estado pensando. De inmediato no podíamos entender mucho, pero después recordábamos y comprendíamos algo de lo que había dicho [19].
>
> ...
>
> Como regla, las conferencias de Maxwell estaban cuidadosamente estructuradas y escritas —prácticamente en forma adecuada para su impresión— y se nos permitía copiarlas. Al dar la clase, comenzaba leyendo el manuscrito, pero al cabo de unos cinco minutos, se detenía, diciendo: "Quizás pudiera explicar esto", y entonces se desviaba hacia alguna idea que acababa de ocurrírsele, pensando en alta voz mientras cubría la pizarra de figuras y símbolos, con lo que sobrepasaba la comprensión de los mejores entre nosotros. Volvía luego a su manuscrito, pero entonces ya casi se había agotado el tiempo y el resto del tema quedaba trunco o se trasladaba para otro día. Quizás había unas pocas ilustraciones experimentales —que fallaban muy a menudo— y a muchos les parecía que Clerk Maxwell no era un profesor muy bueno. Pero para aquéllos que podían atrapar algunas de las chispas que relampagueaban cuando pensaba en alta voz ante el pizarrón, o cuando destellaban su ingenio y su sugestión en la conversación posterior, Maxwell era insuperable como inspiración [5].

FIGURA II.4. *Maxwell y su esposa, hacia 1875.*

De porte atlético, frecuentaba el gimnasio cuando residía en la ciudad, pero buscaba la manera de pasarse el mayor tiempo posible en el campo, donde realizaba sus ejercicios preferidos, que eran caminar, remar, montar a caballo y nadar. Practicaba la natación de una manera especial, que incluía lanzarse de pecho y de espaldas contra el agua "para estimular la circulación", según decía. Era un consumado jinete y un excelente domador de potros. Siempre andaba con su perro.

Aparentemente, su mujer deseaba que viviera como ella pensaba que debía hacerlo un propietario rural y buen caballero cristiano inclinado hacia el calvinismo escocés ("no tengo vocación para la herejía"), decía Maxwell [16]), pero no logró convencerlo de que se entregara a la caza y a la pesca, porque le horrorizaba la sola idea de quitarle la vida a un animal. No obstante, existía una gran compenetración entre marido y mujer. El matrimonio no tuvo hijos.

Maxwell apreciaba la compañía de sus amigos. A uno de ellos le expresó en cierta ocasión: "El trabajo es bueno, la lectura es buena, pero mejores son los amigos." Éstos, a su vez, tenían al científico eminente por hombre excepcionalmente afable y encantador; en cambio, encontraban bastante "difícil" a su esposa, y a menudo se referían a ella como "esa mujer". Se cuenta —no sabemos si maliciosamente— que durante una fiesta en Cambridge, alguien le oyó decir: "James, ya es hora de que nos vayamos a casa, porque estás comenzando a divertirte [11]."

## Mecánica estadística

En 1860, como resultado de la fusión del Marischal College y el King's College escocés para constituir la Universidad de Aberdeen, desapareció la cátedra de Maxwell y éste se quedó sin empleo. Mas no por mucho tiempo, ya que poco después fue designado profesor de filosofía natural y astronomía del King's College de Londres, donde permaneció de 1860 a 1865, periodo en que culminó sus más importantes investigaciones científicas.

Su primer artículo acerca de la teoría cinética de los gases y su segundo artículo sobre los colores fueron publicados en 1860, en tanto que la memoria más importante de toda su carrera, titulada "Una teoría dinámica del campo electromagnético", vio la luz en 1864. Puesto que dos años después dio a la publicidad un trabajo sobre la viscosidad de los gases y otro gran trabajo titulado "Sobre la teoría dinámica de los gases", es indudable que durante todo el año 1865 permaneció trabajando sobre cuestiones de mecánica estadística.

En su época de Aberdeen, al estudiar el problema de los anillos de Saturno, James se había visto obligado a considerar el movimiento caótico de grandes conjuntos de partículas independientes, concebidas como bolas de billar, duras, esféricas y perfectamente elásticas, que sólo actúan unas sobre otras durante los impactos. Un sistema formado por un enorme núme-

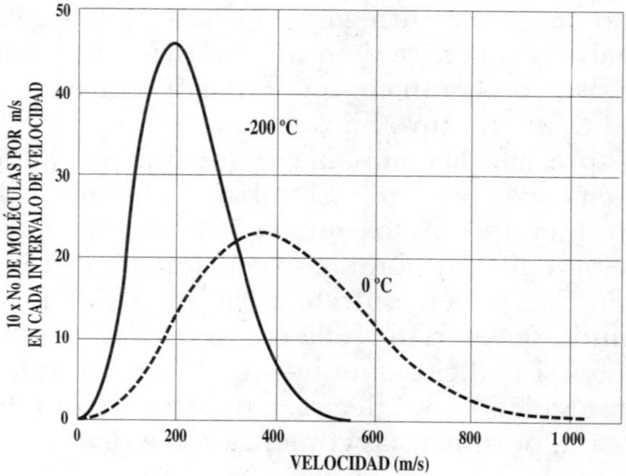


FIGURA II.5. *Distribución maxwelliana de un gas a dos temperaturas. Los máximos corresponden a la velocidad más probable de las moléculas.*

ro de partículas con estas características podía tomarse como modelo para el estudio de los gases.

Los primeros resultados de los trabajos de Maxwell al respecto, comenzados en Aberdeen, están recogidos en el artículo titulado "Ilustraciones de la teoría dinámica de los gases", publicado en 1860. Aquí se aplica por primera vez la trascendental idea de describir un proceso físico por medio de una función estadística, y se obtiene la famosa *curva de distribución de Maxwell* para las velocidades de las moléculas de un gas (aunque sin representarla gráficamente). Más tarde publicó sus investigaciones sobre la viscosidad de los gases, y después, el artículo ya mencionado sobre su teoría dinámica (1866) en la cual se desechaba la hipótesis de las moléculas gaseosas concebidas como esferas elásticas. En este trabajo declaraba:

> Si suponemos las moléculas como cuerpos duros elásticos, el número de colisiones de una clase dada será proporcional a la velocidad, pero si las suponemos como centros de fuerzas, el ángulo de desviación será menor cuando la velocidad sea mayor; y si la fuerza varía inversamente con la quinta potencia de la distancia, el número de desviaciones de una clase dada será independiente de la velocidad. De aquí que haya adoptado esta ley al realizar mis cálculos [17].

El eminente físico austríaco Ludwig Boltzmann no tardó en percibir el extraordinario valor de los trabajos de Maxwell sobre mecánica estadística de los gases, y se dedicó inmediatamente a desarrollar la teoría. Entre otras cosas, demostró que la distribución maxwelliana de las velocidades es la única compatible con el estado de equilibrio de un gas, que corresponde al estado de máximo desorden posible, o de máxima *entropía.* Al profundizar en este último concepto, creó Maxwell la paradoja de su famoso "diablillo" o "demonio", capaz de violar la segunda ley de la termodinámica. Aún hoy, este "demonio" continúa siendo fuente de inspiración de nuevas investigaciones [2].

Maxwell y Boltzmann desarrollaron la mecánica estadística hasta llegar a ciertas dificultades que sólo la mecánica cuántica había de resolver después.

He aquí cómo caracterizaba Boltzmann la exposición del físico escocés:

> ¿Quién no conoce la teoría dinámica de los gases de Maxwell? Al principio está el majestuoso desarrollo de las variaciones de las velocidades, entran entonces por un lado las ecuaciones de condición y por el otro las ecuaciones de los movimientos centrales —más y más se embravece el caos de fórmulas—; de pronto, estallan cuatro palabras: "Hágase $n = 5$". El demonio del mal desaparece como si cesaran de pronto las partes graves de la música que hasta ahora permeaban salvajemente la pieza; lo que antes parecía fuera de control, resulta ahora ordenado como por arte de magia. No hay tiempo para decir por qué se hizo tal o cual sustitución: el que no pueda sentir la razón, debe dejar el libro a un lado; Maxwell no es músico de programa que explique las notas de su composición. En el acto las fórmulas entregan obedientemente resultado tras resultado, hasta que se alcanza el equilibrio térmico de un gas pesado como un sorprendente clímax final, y cae el telón... [15]

Maxwell realizó sus experimentos sobre los gases, especialmente aquéllos que se refieren a la viscosidad, con el auxilio de su esposa Katherine (el "observador *K*", como él la llamaba), quien tuvo a su cargo, entre otras cosas, mantener vivo el fuego que se requería para el trabajo y efectuar algunas mediciones. Así, en una carta a su amigo *T'* —así llamaba a Tait, ya que había reservado la letra *T* para referirse a Thomson (posteriormente, Lord Kelvin)—, escribe:

> Mi mejor 1/2, que hizo todo el verdadero trabajo de la teoría cinética, está comprometida actualmente en otras investigaciones. Cuando ella termine, le comunicaré su respuesta a la pregunta de usted [sobre los datos experimentales] [5].

Nuestro hombre realizó también investigaciones en termodinámica, ciencia íntimamente ligada a la mecánica estadística. Dio, en 1870, cuatro importantes ecuaciones en derivadas parciales —hoy conocidas como las "ecuaciones termodinámicas de Maxwell"—, que relacionan entre sí las variables presión, volumen, temperatura y entropía.

En 1873, al estudiar las memorias del físico estadunidense Josiah W. Gibbs, Maxwell volvió a interesarse en la termodinámica, cuyo "segundo principio" había sido enunciado apenas dos décadas atrás. Tanto se entusiasmó, que le escribió inmediatamente a Tait diciéndole que por fin había entendido la termodinámica. No era éste un caso de falsa modestia, pues Maxwell había interpretado erróneamente los importantes resultados del alemán Clausius en este campo, quizás porque Clausius empleaba métodos analíticos que no eran del gusto del físico escocés, que prefería las demostraciones sencillas, preferiblemente las de tipo geométrico utilizadas por Gibbs, cuyas conclusiones sobre las sustancias homogéneas las extendió a las heterogéneas. Se dedicó a construir distintos modelos tridimensionales de las "superficies termodinámicas de Gibbs", que regaló a Gibbs, Thomson, Tait y Andrews. Pero no publicó gran cosa sobre el tema, y más bien se dedicó a darle publicidad a la obra del sabio estadunidense.

## Una cuestión de principios

Aunque por sí solos sus trabajos de mecánica estadística le hubieran valido a Maxwell un lugar de honor en la historia de la física, su nombre ha quedado inmortalizado en virtud de los brillantes éxitos que logró con su teoría electromagnética, más que por ninguna otra cosa.

A mediados del siglo XIX, no existía una teoría general capaz de explicar de manera coherente los diversos resultados experimentales asociados a la electricidad en movimiento, que continuamente se obtenían en los laboratorios. Todavía algunas décadas más tarde, con su perspicacia y elocuencia características, Friedrich Engels se refería en los siguientes términos a aquel estado de cosas:

> Cuanto más a fondo estudiamos los más diferentes procesos naturales, más vamos descubriendo en ellos huellas de electricidad. Y, sin embargo, a pesar de este don de ubicuidad que presentan los fenómenos eléctricos y del hecho de que ya va para medio siglo que la electricidad se ve obligada, en medida cada vez mayor, a servir al hombre en la industria, se trata precisamente de la forma de movimiento cuya naturaleza se halla más envuelta en el misterio [... Nos] encontramos con un revoltijo caótico de viejos experimentos muy inseguros, ni definitivamente confirmados ni definitivamente desechados, con un tantear a ciegas en la oscuridad, con una serie incoherente de ensayos y experimentos, obra de numerosos investigadores sueltos que se lanzan al asalto de un terreno desconocido cada cual por su lado, sin orden ni concierto, como una horda de jinetes nómadas [...] Y a este estado de incoherencia reinante en el campo de la electricidad que impide, por el momento, formular una teoría general, se debe esencialmente ese estado de empirismo que procura pararse a pensar lo menos posible y que, por lo tanto, no sólo piensa de un modo falso, sino que ni siquiera es capaz de seguir fielmente el hilo de los hechos o de reseñarlos con exactitud... [4]

Con todo, en la época en que se escribió esto, la situación había experimentado un cambio sustancial, si bien no universalmente reconocido; porque lo cierto es que existía ya una teoría de los fenómenos eléctricos y magnéticos, extraordinariamente eficaz y abarcadora, que, con el tiempo, iba a tener extraordinarias consecuencias para la ciencia y la tecnología. En efecto, la teoría de Maxwell había sido dada a conocer en 1864, pero la comunidad científica tardó mucho en admitirla como buena: sólo comenzó a aceptarse casi un decenio después de muerto su creador, cuando Heinrich Hertz logró confirmar experimentalmente, en 1888, la existencia real de las ondas electromagnéticas, de acuerdo con las predicciones de la nueva teoría. El propio Hertz había sido sorprendido, en cierto modo, por el resultado de sus primeros experimentos, como se desprende de estas palabras suyas:

> … aunque estaba familiarizado con las concepciones de la teoría de Maxwell, [la idea de las ondas electromagnéticas] me parecía casi inadmisible —hasta tal punto era enteramente diferente de las concepciones entonces admitidas sobre la naturaleza de la fuerza eléctrica [7].

Entre las teorías más en boga en aquella época para dar una explicación a las interacciones de las cargas eléctricas en movimiento, unas con respecto a otras, se encontraban las de Gauss (1835), Grassmann (1845), Weber (1846), Helmholtz (1873), Riemann (1875) y otros. Todas partían de las formulaciones básicas de Coulomb (1785) y de Ampère (1823), e intentaban dar razón de los datos experimentales obtenidos, postulando diversas leyes para las fuerzas ejercidas por unas partículas cargadas sobre otras, a imitación de la ley de gravitación universal de Newton, de suerte que, en definitiva, siempre se admitía una misteriosa *acción instantánea a distancia* entre las cargas. Por el contrario, la teoría de Maxwell presuponía entre ellas una *acción por contigüidad*, que implicaba un cierto *retardo* en la propagación de los fenómenos de los efectos electromagnéticos, de modo que el papel principal pasaba a ser desempeñado por el medio y no por las cargas mismas, en armonía con las ideas de Michael Faraday, quien, como había dicho Maxwell,

> … imaginaba líneas de fuerza que atravesaban todo el espacio donde los matemáticos veían centros de fuerza atrayendo a distancia: Faraday veía un medio donde ellos no veían más que distancia: Faraday buscaba el asiento de los fenómenos en acciones reales que tenían lugar en el medio… [13].

Pero su falta de conocimientos matemáticos le había impedido al viejo maestro genial precisar sus propias concepciones y organizarlas sólidamente, si bien, como decía Maxwell de Faraday,

> … su método de concebir los fenómenos era también matemático, aunque no exhibido en la forma convencional de símbolos matemáticos. También hallé que estos métodos eran susceptibles de expresarse en las formas matemáticas ordinarias, y compararse así con las de los matemáticos declarados [13].

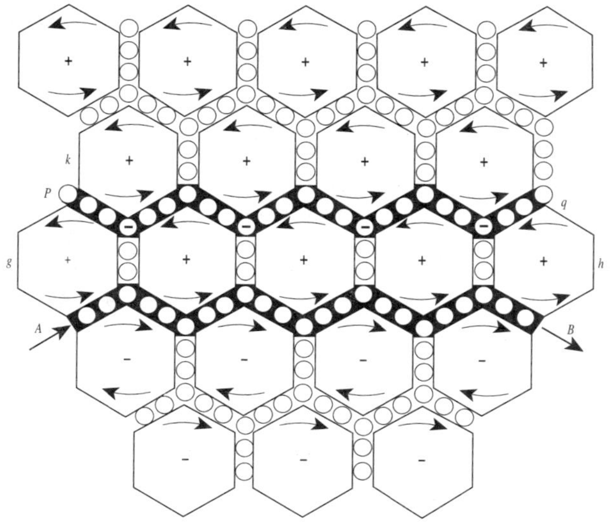


FIGURA II.6. *Modelo mecánico del éter, ideado por Maxwell. Los hexágonos representan "vórtices moleculares" de éter, cuya rotación origina el magnetismo. Las ruedecillas locas intersticiales representan la electricidad.*

Como vimos antes, Maxwell había presentado los primeros resultados de sus investigaciones teóricas sobre las ideas de Faraday cuando tenía apenas 24 años (1855), lo que provocó este comentario del gran experimentador:

> Al principio, casi me atemoricé cuando vi tal fuerza matemática aplicada al asunto, y luego me maravillé de ver que éste la soportara tan bien [16].

En aquel tiempo Faraday era un científico famoso, cuarenta años mayor que el principiante escocés, pero reconoció inmediatamente la calidad del joven investigador, cuyas abstrusas matemáticas no podía entender. De ahí el tono respetuoso de sus cartas a Maxwell, como ésta de fines de 1857, en que vuelve a la carga sobre el tema de la aplicación de la matemática a la física:

> Hay una cosa que me gustaría preguntarle. Cuando un matemático dedicado a investigar acciones y resultados físicos ha llegado a

sus conclusiones, ¿no podrían expresarse éstas en lenguaje común tan plena, clara y definidamente como en fórmulas matemáticas? Si es así, ¿no sería una gran bendición para gentes como yo expresarlas en esta forma —traduciéndolas de sus jeroglíficos, de modo que pudiéramos nosotros también trabajar experimentalmente sobre ellas? Pienso que ha de ser así, porque siempre he visto que usted ha podido transmitirme una idea perfectamente clara de sus conclusiones, que si bien pueden no darme una total comprensión de los pasos de su proceso, no me dan los resultados ni por encima ni por debajo de la verdad, y con tal claridad que puedo pensar y trabajar a partir de ellos. Si esto fuese posible, ¿no sería una buena cosa que los matemáticos que trabajan sobre estas cuestiones nos diesen los resultados en este popular, útil y viable estado, así como en el que les es propio y adecuado? [11]

En cuanto a Maxwell, estaba él muy lejos de ser un matemático "puro". Sus ideas tenían un profundo contenido físico, lo cual no quiere decir, por supuesto, que no se apoyaran en el más poderoso armamento matemático disponible en su época, en caso necesario.

## Ecuaciones de Maxwell y ondas electromagnéticas

Durante 1861 y 1862, apareció en el *Philosophical Magazine* un artículo de Maxwell, en cuatro partes, titulado "Sobre las líneas de fuerza físicas". Este trabajo presentaba un carácter bastante peculiar, por cuanto contenía una teoría que, si bien el autor declaraba habérsela inspirado algunos trabajos del profesor William Thomson y de otros investigadores, partía de la suposición de un medio compuesto de numerosos "vórtices moleculares" contiguos, que giraban en el mismo sentido, alrededor de ejes paralelos a la dirección de las líneas de fuerza magnéticas.

El estudio incorporaba un ingenioso modelo mecánico que simulaba con sorprendente fidelidad todas las leyes de las acciones eléctricas y magnéticas conocidas hasta entonces. Pero lo curioso es que aquel modelo sugería algo nuevo: la existencia de ondas electromagnéticas que oscilaban perpendicularmente a la dirección de propagación *con la velocidad de la luz*, en el supuesto de que en un dieléctrico las cargas no se mo-

$$\nabla \times \mathbf{E} = -\frac{\partial \mathbf{B}}{\partial t} \qquad \nabla \cdot \mathbf{B} = 0$$

$$\nabla \times \mathbf{H} = \frac{\partial \mathbf{D}}{\partial t} + \mathbf{J} \qquad \nabla \cdot \mathbf{D} = \rho$$

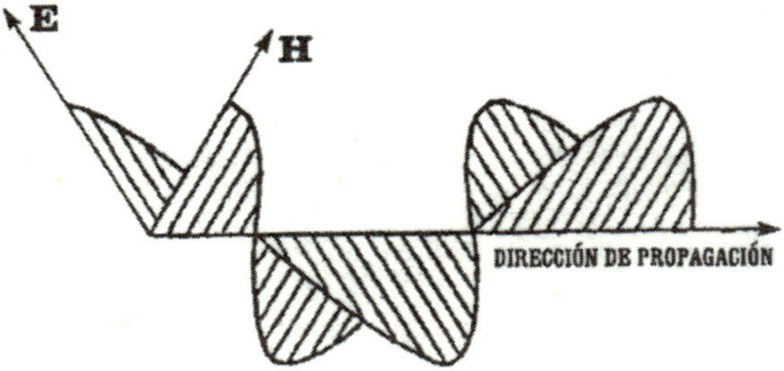


FIGURA II.7. *Arriba: ecuaciones de Maxwell para los fenómenos electromagnéticos, en notación moderna. Abajo: onda electromagnética progresiva sinusoidal. (E: campo eléctrico, H: campo magnético.).*

vían libremente, sino que sólo podían correrse o "desplazarse" con respecto a la posición de equilibrio (dando así lugar a una "corriente de desplazamiento"). De donde Maxwell no vaciló en concluir:

> La velocidad de las ondulaciones transversales en nuestro medio hipotético, calculada a partir de los experimentos electromagnéticos de los Sres. Kohlrausch y Weber, concuerda tan exactamente con la velocidad de la luz calculada a partir de los experimentos del Sr. Fizeau, que difícilmente podemos evitar la inferencia de que *la luz consiste en ondulaciones transversales del mismo medio que es la causa de los fenómenos eléctricos y magnéticos.* [Bastardillas de Maxwell.] [17]

Estimulado por el resultado obtenido, atacó el problema de elaborar una teoría matemática de los fenómenos electromagnéticos, lo más exacta y general posible, sin referencia a modelo mecánico alguno. Durante los años siguientes se dedicó a esta tarea, que finalmente culminó en su ya mencionada memoria, titulada "Una teoría dinámica del campo electro-magnético" [12], la cual presentó a la Royal Society el 27 de octubre de 1864.

Explicaba el autor:

> La teoría que propongo puede [...] denominarse una teoría del *Campo Electromagnético,* porque tiene que ver con el espacio en la vecindad de los cuerpos eléctricos y magnéticos, y puede denominarse una Teoría *Dinámica,* porque supone que en ese espacio hay materia en movimiento, debido a la cual se producen los fenómenos electromagnéticos [17].

El elemento más original postulado por Maxwell es la denominada *corriente de desplazamiento,* idea que ya había utilizado en su trabajo anterior. Implicaba, según él, que un campo eléctrico variable da lugar a un campo magnético, no sólo en un conductor, sino también en una sustancia aisladora e incluso en el vacío mismo (o, más exactamente, en el "éter" cuya existencia presuponía Maxwell).

Como resultado final obtuvo las famosas ecuaciones diferenciales en derivadas parciales, que describían con gran exactitud todos los fenómenos electromagnéticos en su tiempo y preveían, asimismo, la existencia de ondas electromagnéticas, en particular, las luminosas. Dicho en sus propias palabras:

> ... parece que tenemos una fuerte razón para llegar a la conclusión de que la propia luz (incluyendo el calor radiante, y *otras radiaciones, si existen*) es una perturbación electromagnética en forma de ondas propagadas a través del campo electromagnético de acuerdo con leyes electromagnéticas. [Bastardillas de J. A.] [17][1]

Pero hay más: según Albert Einstein,

> Haciendo caso omiso de los importantes resultados *individuales* que la obra cumbre de Maxwell produjo en importantes departamentos de la física, y concentrándonos en los cambios operados por él en nuestra concepción de la realidad física, podemos decir esto: antes de Maxwell se concebía la realidad física [...] como puntos materiales, cuyos movimientos consisten exclusivamente en movi-

[1] Este párrafo muestra a las claras que carece de fundamento la reciente afirmación de un autor de que "... Maxwell no hizo nunca mención a la posibilidad de una onda desconocida diferente de las sugeridas por los espectros de la luz solar o de los cuerpos incandescentes" [1].

FIGURA II.8. *James Clerk Maxwell (1831-1879). (A partir de un grabado de G. J. Stodart.)*

mientos regidos por ecuaciones diferenciales totales. Después de Maxwell, se concibió la realidad física como representada por campos continuos, no explicables mecánicamente, regidos por ecuaciones en derivadas parciales. Este cambio en la concepción de la realidad es el más profundo y fructífero que ha llegado a la física desde Newton; pero ha de admitirse a la vez que el programa no ha sido en modo alguno cumplido completamente [3].

GLENLAIR

Durante los meses que siguieron a la publicación de su memoria definitiva sobre la teoría electromagnética, Maxwell abordó nuevamente la teoría dinámica de los gases y obtuvo nuevos resultados que, como ya se ha dicho, fueron publicados en 1856. Pero el intensísimo trabajo al que se había entregado sin pausa, unido a sus deberes profesorales, terminó por extenuarlo, por lo que en 1865 decidió renunciar a la cátedra londinense del King's College y volver a Glenlair, cerrando así, a los 34 años de edad, el periodo más productivo de su vida científica. Al siguiente año, se retiró también de las clases nocturnas para artesanos que había venido dando regularmente desde sus tiempos de estudiante en Cambridge [5].

Con el paso de los años, Maxwell pareció concentrarse cada vez más en sí mismo, más modesto y dudoso aún que antes en cuanto a sus opiniones científicas. En su personalidad se mezclaban curiosamente el sentido común, la racionalidad y una cierta rudeza, con algunas tendencias escépticas y aun místicas. Pese a que continuaba escribiendo parodias en verso, bromeando y reuniéndose frecuentemente con sus numerosos amigos, se le veía más taciturno y reticente.

Pero lo que más impresionaba de nuestro hombre cuando se le llegaba a conocer profundamente, era su extrema bondad de corazón. Así, pese a que su salud no era de las mejores, en más de una ocasión se prestó a hacer las veces de enfermero de familiares y amigos.

Recuperado de un severo ataque de la dolencia que había contraído a poco de llegar a Glenlair, continuó trabajando en su teoría de los gases, así como en otros temas, entre ellos, algunos importantes para la tecnología. Su trabajo titulado "Sobre los reguladores" [17], que publicó la Royal Society en 1868, hoy se considera la primera investigación sistemática sobre la dinámica del control automático. En el mismo año, dio la teoría matemática del fenómeno de la resonancia eléctrica en un circuito de corriente alterna [17]. Varios artículos suyos, particularmente uno titulado "Sobre figuras recíprocas, armaduras y diagramas de fuerzas", publicado en 1870 por la Royal Society de Edimburgo [17], recogen sus aportes al cálculo de las estructuras utilizadas en las construcciones, mediante los métodos de la estática gráfica. Por este último trabajo se le concedió la medalla Keith.

Pero Maxwell había decidido concentrarse fundamentalmente en la preparación de su monumental y hoy justamente célebre *Tratado de electricidad y magnetismo,* donde se proponía recoger tanto los resultados de sus investigaciones, como el conjunto de los conocimientos acumulados hasta su época sobre la materia. En el prólogo de la obra, había de escribir después, al explicar sus objetivos:

> He [...] pensado que sería útil un tratado que tuviera por objeto principal exponer toda la materia de una manera metódica, y que también indicara cómo cada parte de ella se pone al alcance de métodos de verificación mediante mediciones reales.
>
> El carácter general de este tratado difiere considerablemente del de varias obras de electricidad excelentes, publicadas, la mayoría, en Alemania, y pudiera parecer que se hace escasa justicia a las especulaciones de varios electricistas y matemáticos eminentes. Una razón de esto es que antes de comenzar el estudio de la electricidad decidí no leer matemática alguna sobre el tema hasta haber terminado de leer las *Investigaciones experimentales sobre electricidad* de Faraday [...] Si mediante cualquier cosa de las que he escrito aquí, puedo ayudar a algún estudiante a comprender los modos de pensamiento y expresión de Faraday, consideraré esto como el logro de una de mis principales metas: comunicarles a otros el mismo deleite que yo personalmente he encontrado al leer las *Investigaciones* de Faraday [13].

Maxwell viajaba frecuentemente a Londres y Cambridge, a donde solía ir, unas veces en calidad de "moderador", y otras como "examinador" del *Mathematics Tripos.* En 1867 realizó su único viaje al extranjero —un recorrido turístico por Italia—, en compañía de su mujer. El viaje lo aprovechó también para trabajar en su *Tratado.*

### EL LABORATORIO CAVENDISH

En 1871 Maxwell aceptó hacerse cargo de la Cátedra Cavendish de Física Experimental, que acababa de crearse en la Universidad de Cambridge. Esta posición había sido ofrecida antes a los prestigiosos físicos William Thomson (futuro Lord Kelvin) y Hermann von Helmholtz. Pero Thomson había decidido permanecer en su cátedra de la Universidad de Glasgow, y Helmholtz había optado por la cátedra de física de la Universidad de Berlín, que había aceptado meses antes [9].

Aunque la reputación científica de Maxwell se basa en sus grandes contribuciones a la física teórica, ya hemos visto que también era un excelente experimentador, de modo que aceptó de buen grado la tarea que le había sido propuesta de crear el Laboratorio Cavendish, con el fin de desarrollar las investigaciones físicas en Cambridge, que en aquellos tiempos andaban muy abandonadas. En carta a Lord Rayleigh (J. W. Strutt, que había de sucederle en la cátedra), comentaba:

> ... se requerirá un gran esfuerzo para que la Física Experimental arraigue en nuestro sistema universitario [... ;] puede que lleguen a hablar mal de nosotros toda la universidad y todos los padres [5].

Maxwell no sólo planificó la instalación, sino que concibió y aun construyó para ella una buena cantidad de aparatos, que hoy se atesoran en el museo del nuevo Laboratorio Cavendish. A partir de 1876, tuvo que hacer importantes donaciones de su propio peculio para mantener en funcionamiento el laboratorio original. En recompensa, puede afirmarse que el gran desarrollo que al cabo de pocos decenios había de tomar la escuela británica de física experimental, está asociado indisolublemente al Cavendish. Pero los primeros tiempos de su fundación fueron todavía difíciles desde otro punto de vista: Ambrose Fleming, uno de los fundadores de la tecnología electrónica, que había sido alumno de Maxwell, recuerda que éste

> ... daba generalmente un par de cursos al año, los cuales, sin embargo, eran espantosamente despreciados. Recuerdo mi sorpresa al encontrar un maestro que yo consideraba a la vanguardia del conocimiento disertando ante tres o cuatro estudiantes como su único auditorio. Es más, durante un período lectivo el profesor Maxwell dio un curso de espléndidas conferencias sobre electrodinámica, cuyo único auditorio lo componíamos yo mismo y otro caballero [10].

Durante los primeros tiempos de su estancia en Cambridge, Maxwell le dio los toques finales a su *Tratado de electricidad y magnetismo*, que se publicó en 1873. Dos años antes había aparecido un libro de texto suyo (de lectura nada fácil, por cierto) con el título de *Teoría del calor*, cuyo objetivo —según los editores— era contribuir a la instrucción de artesanos y trabajadores.

FIGURA II.9. *Campo magnético uniforme perturbado por una corriente eléctrica en un conductor rectilíneo, según Maxwell [13].*

*Materia y movimiento,* un delicioso librito suyo de divulgación científica sobre los principios de la mecánica, que hoy se considera una pequeña obra maestra del género, fue publicado en 1876 por la Society for Promoting Christian Knowledge [17].

Luego de publicado su gran *Tratado,* Maxwell acometió la difícil labor de editar, en dos volúmenes, *Las investigaciones eléctricas del Honorable Henry Cavendish,* notable hombre de ciencia inglés del siglo anterior, casi desconocido entonces, dado que la mayor parte de su obra había permanecido inédita. Para completar este trabajo Maxwell analizó veinte paquetes de viejos manuscritos científicos de Cavendish y repitió muchas de las experiencias realizadas por éste, para demostrar su prioridad en el descubrimiento de importantes fenómenos y leyes de la electricidad, como la ley de Ohm.

Pero la salud de Maxwell se deterioraba rápidamente. Desde la primavera de 1877, había comenzado a presentar molestias digestivas y dificultad para tragar, pero por alguna causa desconocida, durante casi dos años no informó a nadie de aquellos síntomas, pese a que su salud empeoraba cada vez más. Recuerdan Campbell y Garnett que, por aquel entonces, ya

> ... sus amigos de Cambridge [...] echaban de menos la elasticidad de su paso, y el bien conocido brillo de sus ojos. Durante el *Easter Term* de 1879 iba diariamente al laboratorio, pero permanecía en él breve tiempo [11].

Todavía en mayo de 1878 fue capaz de dar una conferencia popular "Sobre el teléfono", salpicada de versos y buen humor, a la que siguieron la publicación de algunas notas, en especial para la revista *Nature*, y los artículos "Éter", "Faraday" y "Análisis armónico" para la *Enciclopædia Britannica*.

En el verano de 1879 volvió a Glenlair con la esperanza de mejorar la salud, pero ocurrió todo lo contrario. Al agravarse, volvió a Cambridge con su esposa, en busca de mejor atención médica. Allí murió de cáncer, como su madre, y aproximadamente a la misma edad de ella. Su médico de Cambridge, el doctor Paget, comentó después:

> Tal como había sido en salud, así fue en la enfermedad y ante la muerte. Nunca se alteró el sosiego de su mente. Los sufrimientos fueron agudos durante algunos días después de su retorno a Cambridge [...] Pero nunca se quejó de ellos [...] La proximidad de la muerte tampoco alteró su habitual compostura [...] Pocos días antes de morir me preguntó cuánto más podría durar [...] Sólo parecía preocuparse por su mujer, cuya salud había sido delicada durante algunos años [...] Su intelecto también permaneció claro y aparentemente intacto hasta el final [...] No hubo hombre alguno que afrontara la muerte más consciente y sosegadamente. El 5 de noviembre expiró suavemente [11].

Cinco meses antes había cumplido 48 años de edad.

### DIFÍCIL ACEPTACIÓN

La teoría electromagnética maxwelliana estaba destinada a convertirse en importante monumento a la memoria de su creador. Sin embargo, el mundo científico tardó muchos años en reconocer su validez, particularmente en Europa continen-

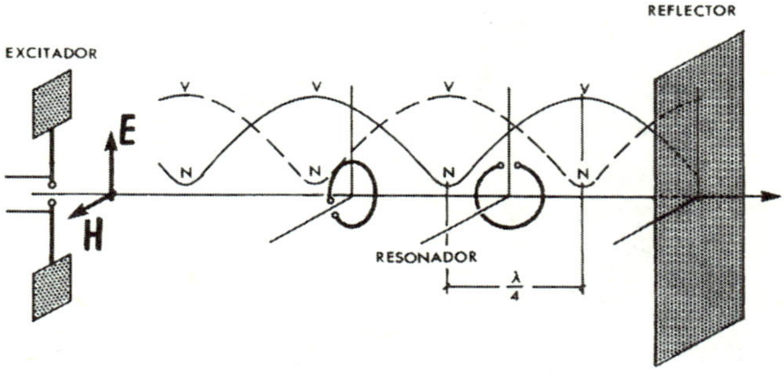


FIGURA II.10 A). *Disposición experimental de Hertz para detectar ondas electromagnéticas estacionarias. (E: campo eléctrico, H: campo magnético.)*

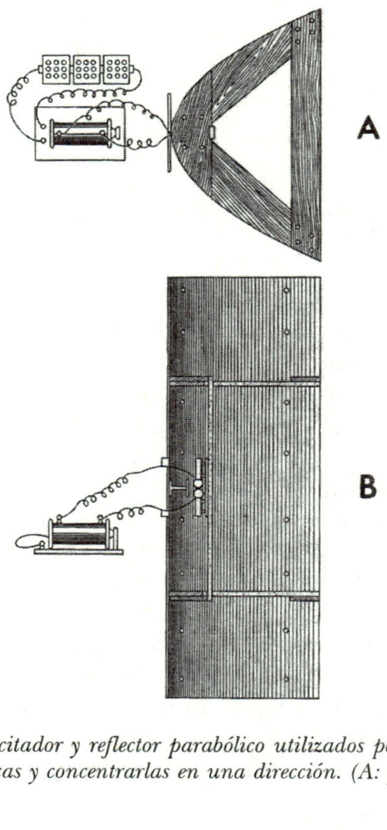


FIGURA II.11 B). *Excitador y reflector parabólico utilizados por Hertz para generar ondas electromagnéticas y concentrarlas en una dirección. (A: planta, B: elevación.)*

FIGURA II.12. *Oliver Heaviside (izquierda) y Heinrich Hertz, continuadores de las investigaciones de Maxwell sobre los fenómenos electromagnéticos.*

tal. Todavía en 1890, cuando ya se habían comprobado las predicciones esenciales de la teoría, podía leerse esta apreciación en el prólogo del editor a los *Trabajos científicos de James Clerk Maxwell*:

> Del [*Tratado de electricidad y magnetismo*] es difícil predecir el futuro, pero no hay duda de que desde su publicación, ha dado dirección y color al estudio de la Ciencia Eléctrica [17].

El *Tratado* fascinó de inmediato a Oliver Heaviside, un joven investigador inglés autodidacto, que se dio a la tarea de completar la teoría con algunos detalles importantes y nuevos desarrollos. En particular, simplificó el engorroso simbolismo original, y logró expresar (en 1888) las cuatro ecuaciones de Maxwell originales en función de los vectores representativos del campo, utilizando una notación vectorial muy similar a la que es hoy de uso general. Esto facilitó considerablemente la posibilidad de asimilación de la teoría y su aplicación a problemas concretos [8].

Entretanto, otro joven, el físico alemán Heinrich Hertz, que había estado investigando los fenómenos electromagnéticos, estimulado originalmente por su maestro Hermann von Helmholtz, lograba confirmar por vía experimental, también en 1888, la predicción de Maxwell en el sentido de que las acciones eléctricas podían propagarse en forma de ondas electromagnéticas que avanzaban con la velocidad de la luz, descubrimiento que sirvió de base a una de las tecnologías más importantes de todos los tiempos: la radioelectricidad.

Pese a todo, la mayor parte de los físicos de la época aceptó la teoría de Maxwell sólo a regañadientes. Así, Helmholtz tardó muchos años en aprobarla, y Thomson nunca admitió como buena la noción de "corriente de desplazamiento": todavía en 1888 se refería a ella como "una hipótesis curiosa e ingeniosa, pero no completamente sostenible"; y diez años después pensaba todavía que lo planteado por Maxwell sobre la presión de la luz era erróneo [19].

Cuéntase que el notable investigador de la electrólisis Wilhelm Hittorf, anciano ya, contrajo un fuerte estado depresivo al comprobar que no podía vencer las dificultades de la obra maxwelliana. Sus colegas y amigos lograron convencerlo de que, para recuperarse, tomara unas vacaciones en las montañas, pero su obsesión era tal, que al revisarle el equipaje momentos antes de partir, ¡encontraron en él los dos volúmenes del *Tratado de electricidad y magnetismo* de James Clerk Maxwell!

El propio Heinrich Hertz declaró:

> Más de uno se ha lanzado con ahínco al estudio de la obra de Maxwell, y, aun si no ha tropezado con dificultades matemáticas inusitadas, ha debido, sin embargo, abandonar la esperanza de formarse una concepción consistente de las ideas de Maxwell. A mí no me ha ido mejor. A pesar de que tengo la mayor admiración por las concepciones matemáticas de Maxwell, no siempre me he sentido completamente seguro de haber comprendido su significación física [7].

A lo que añadía Henri Poincaré:

> La primera vez que un lector francés abre el libro de Maxwell, un sentimiento de desazón y aun de desconfianza se mezcla al principio con su admiración. Solamente después de una larga familiaridad y mucho trabajo desaparece este sentimiento. Para algunas mentes eminentes, nunca desaparece.[2] El científico inglés no trata de construir una estructura única, definida, bien ordenada: más

[2] Véase [14], por ejemplo.

bien parece erigir un gran número de casas provisionales e independientes, entre las cuales la comunicación es difícil y a veces imposible [18].

Con todo, la teoría de Maxwell había demostrado que no sólo era compatible con los fenómenos electromagnéticos conocidos, sino que tenía la capacidad de prever otros nuevos de importancia capital. Por eso, sentenciaba Hertz:

> A la pregunta: "¿Qué es la teoría de Maxwell?", no le conozco respuesta más corta ni definida que la siguiente: La teoría de Maxwell es el sistema de ecuaciones de Maxwell. Toda teoría que dé lugar al mismo sistema de ecuaciones, y por lo tanto, comprenda los mismos posibles fenómenos, la consideraría yo una forma especial de la teoría de Maxwell... [7]

### UNA SUPERVIVENCIA ASOMBROSA

Como se dijo antes, Rayleigh había sustituido a Clerk Maxwell en el Laboratorio Cavendish. A su vez, al pasar como profesor a la Royal Institution, en 1884, le sucedió J. J. Thomson, un matemático de 28 años, a quien todos llamaban "J. J." 13 años después, en 1897, J. J. había de aportar contundentes pruebas experimentales de la existencia del *electrón.*

Naturalmente, enseguida se vio la necesidad de formular las leyes que regían el movimiento y ciertos efectos electromagnéticos que se conocían entonces del electrón, o más generalmente de las partículas de masa y carga eléctrica dadas. El problema fue resuelto a fines del siglo XIX por el profesor de la Universidad de Leyden, Hendrik A. Lorentz, a partir de las ecuaciones de Maxwell. Einstein hace la observación de que

> En [...] la teoría del electrón de Lorentz [...] aparecen uno al lado del otro el campo y los corpúsculos eléctricos como elementos de igual valor para la comprensión de la realidad [3].

Anotemos, de paso, lo paradójico del caso, pues si en algo no estuvo de acuerdo Maxwell con su maestro, fue con la idea de admitir la posible existencia de "cargas moleculares", hipótesis que había introducido Faraday para explicar el fenómeno de la electrólisis.

> Es extremadamente improbable [...] —había escrito Maxwell en su *Tratado*— que cuando lleguemos a comprender la verdadera naturaleza de la electrólisis retengamos de alguna manera la teoría de las cargas moleculares, porque entonces habremos obtenido una base firme sobre la cual formar una verdadera teoría de las corrientes eléctricas, e independizarnos así de estas teorías provisionales [13].

Aquí, por supuesto, le había fallado la intuición física al gran escocés. Sin embargo, sus ecuaciones generales parecían obstinarse en suministrar las respuestas correctas, aun en circunstancias muy alejadas de las imaginadas originalmente por su creador.

En 1899 los experimentos de P. N. Lébedev confirmaron la existencia de una verdadera presión ejercida por la luz, predicción maxwelliana que, como ya hemos visto, había sido considerada totalmente falsa por Lord Kelvin.

Sin embargo, no le faltaban debilidades a la teoría electromagnética original de Maxwell. Una de las más notables era que en ella no se establece con claridad qué sistema de referencia ha sido utilizado para estudiar el movimiento de los cuerpos y cargas, aunque es probable que, de habérselo preguntado a su autor, éste hubiera indicado al efecto algún sistema de referencia "absoluto" en el sentido que lo concebía Newton, o quizás ese "éter" de extrañas propiedades, que él mismo había caracterizado como "... una sustancia material de una clase más sutil que los cuerpos visibles, que se supone existe en aquellas partes del espacio que están aparentemente vacías" [17], cuyas propiedades eran precisamente las requeridas para explicar los fenómenos electromagnéticos.

Resolver el problema del sistema de referencia utilizado en las ecuaciones de Maxwell era una cuestión crucial para formular una teoría general aplicable a la electrodinámica de los cuerpos *en movimiento.* Hertz había tratado de dilucidar la cuestión, pero sin éxito alguno. FitzGerald y Lorentz habían atacado el problema y llegado a conclusiones importantes relacionadas con los paradójicos resultados negativos de ciertos experimentos, como el de Michelson de 1881, relativos al efecto sobre la velocidad de la luz del movimiento de la Tierra "con respecto al éter". Ambos investigadores habían tratado de resolver las dificultades suponiendo que los cuerpos debían experimentar una contracción en la dirección de su movimiento.

FIGURA II.13. *George F. FitzGerald (izquierda) y Hendrik A. Lorentz, investigadores de la electrodinámica de los cuerpos en movimiento.*

Un joven de 26 años, a la sazón residente en Suiza, nacido el mismo año en que murió Maxwell, también se había interesado en el tema de la electrodinámica de los cuerpos en movimiento; se llamaba Albert Einstein.

Einstein resolvió el problema con su teoría especial de la relatividad de 1905, que, como es sabido, significó en su tiempo una profunda revolución en las ideas de la física, por cuanto cuestionaba las bases comúnmente aceptadas de las nociones de espacio y tiempo. En el proceso, hizo aparecer el "éter" maxwelliano como una noción totalmente superflua.

No es un secreto para nadie la trascendencia que tuvo la teoría de la relatividad para las ciencias físicas. Pero en relación con esta teoría, sólo nos interesa aquí señalar con Whittaker que, si bien

> [la] existencia de la corriente de desplazamiento en el espacio libre de materia o carga eléctrica les pareció muy dudosa a los contemporáneos de Maxwell, y su postulación constituyó un obstáculo para la aceptación de su teoría [, en] el siglo veinte se vio que se requiere el término que representa la corriente de desplazamiento para que las ecuaciones del campo electromagnético sean invariantes desde el punto de vista relativista, de manera que la innovación de Maxwell era en realidad una corrección relativista [19].

Hay que añadir algo más, y es que en la teoría especial de la relatividad, las ecuaciones de Maxwell adquieren un carácter absoluto, en el sentido de que su forma se mantiene igual para todos los sistemas de referencia inerciales, en tanto que se altera la de las ecuaciones de la mecánica newtoniana.

He aquí, pues, cómo la teoría electromagnética de Maxwell logró dar un nuevo y asombroso ejemplo de fecundidad y supervivencia, que corroboró de manera inesperada estas palabras genuinamente proféticas pronunciadas por Hertz en 1889:

> No es posible estudiar esta maravillosa teoría, sin sentir la impresión de que las ecuaciones matemáticas tienen vida e inteligencia propias, de que son más sabias que nosotros y hasta que su mismo descubridor… [6]

¡Extraña magia la de aquellas ecuaciones de sospechoso origen, anunciadoras de descubrimientos grandes y pequeños, pan de cada día de las radiocomunicaciones, y punto de partida de toda una nueva imagen del Universo!

## REFERENCIAS


[1] Cazenobe, J. (1984), "Maxwell, précurseur de Hertz?", *La Recherche*, 157(Jul.-Ago.):972-986.

[2] Ehrenberg, W. (1967), "Maxwell's demon", *Scientific American*, 217(5/ Nov.):103-110.

[3] Einstein, A. (1931), "Maxwell's influence on the evolution of the idea of physical reality", en *Ideas and opinions by Albert Einstein*, Crown Publishers, Nueva York, 1954, pp. 266-270.

[4] Engels, F. (escrita 1872-1882 y publicada en 1925), *Dialéctica de la naturaleza*, Grijalbo, México, 1961.

[5] Everitt, C.W.F. (1975), *James Clerk Maxwell, physicist and natural philosopher*, Charles Scribner's Sons, Nueva York.

[6] Hertz, H. (1889), "Sobre las relaciones entre la luz y la electricidad", en Moulton, F. R. y Schiffers, J. J. [Eds.], *Autobiografía de la ciencia*, Fondo de Cultura Económica, México, D.F., 1986, pp. 430-439.

[7] ——— (1893), *Electric waves, being researches on the propagation of electric action with finite velocity through space*, Dover, Nueva York, 1962.

[8] Jackson, W. (1950), "An appreciation of Heaviside's contribution to electromagnetic theory", en *The Heaviside centenary volume*, The Institution of Electrical Engineers, Londres, pp. 53-69.

[9] Kurti, N. (1985), "Helmholtz's choice", *Nature*, 314 (11/Abr.):499.
[10] Larsen, E. (1962), *The Cavendish laboratory, nursery of genius*, Edmund Ward, Londres.
[11] MacDonald, D. K. C. (1965), *Faraday, Maxwell, and Kelvin*, Heinemann, Londres.
[12] Maxwell, J. C. (1864), "A dynamical theory of the electromagnetic field", en Niven, W. D. [Ed.] (1890), *The scientific papers of James Clerk Maxwell*, 1, Dover, Nueva York, pp. 526-597.
[13] ———— (1892): *A treatise on electricity and magnetism*, 1 y 2, 3ª ed. Oxford University Press, Londres, 1946.
[14] Moon, P. y Spencer, D. E. (1955), "A postulational approach to electromagnetism", *Journal of the Franklin Institute*, 259 (4/Abr.):293-305.
[15] Moritz, R. E. (1914), *On mathematics and mathematicians*, Dover, Nueva York, 1958.
[16] Newman, J. R. (1955), "James Clerk Maxwell", *Scientific American*, 192 (6/Jun.):58-71.
[17] Niven, W. D. [Ed.] (1890), *The Scientific papers of James Clerk Maxwell*, 1 y 2, Dover, Nueva York, 195?
[18] Poincaré, H. (1901), *Electricité et optique: La lumière et les théories électrodynamiques*, 2ª ed., Carré et Naud, París.
[19] Whittaker, E. (1951), *A history of the theories of aether and electricity*, 1, Thomas Nelson and Sons, Londres.

---

# III. "Ciencia aria" y "ciencia judía" bajo el nazismo

> Ni negros, ni españoles, ni cubanos contra judíos[...] Y nadie contra nadie por motivos de raza.
>
> ASOCIACIÓN NACIONAL CONTRA LAS DISCRIMINACIONES RACISTAS
> La Habana, 14.VI.1939

NO ES MI intención volver aquí sobre los horrores del descomunal genocidio realizado por el hitlerismo durante la Segunda Guerra Mundial, que de un tiempo a esta parte algunos pretenden minimizar y hasta negar impúdicamente [16], con el evidente propósito de disfrazar de opción política aceptable la ideología xenófoba y neonazi que en nuestros días se ve resurgir en el mundo aquí y allá.

Tampoco voy a referirme a la participación de los ingenieros que diseñaron los sistemas técnicos de exterminio en masa de Auschwitz, Maidanek y demás campos de la muerte, ni a los médicos encargados de seleccionar a los candidatos a morir en las cámaras de gas, a los investigadores dedicados a aprovechar la oportunidad que se les brindaba para realizar experimentos con seres humanos, o a la matanza general organizada por los nazis de enfermos mentales, gitanos, judíos, rusos, polacos, y otros [19]. Sobre todo eso se ha escrito bastante.

Mucho menos divulgado ha sido el hecho de que importantes hombres de ciencia alemanes, tales como Philipp Lenard (premio Nobel de física de 1905) [6] y Johannes Stark (premio Nobel de física de 1919) [7] utilizaron su prestigio de investigadores para difundir la absurda idea de que los judíos —en primer lugar, Albert Einstein— habían corrompido la ciencia alemana a comienzos del siglo XX. Es éste el tema que me propongo abordar aquí, justamente porque es poco conocido entre nosotros, y también por las enseñanzas que de su examen pudieran derivarse.

Philipp Lenard había comenzado su carrera en la Universidad de Bonn en 1893, como asistente de Heinrich Hertz, el descubridor de las ondas radioeléctricas. Lenard tenía entonces 30 años y le profesaba una gran admiración a su superior, pese a que éste era judío por parte de padre. Hertz murió al año siguiente, y Lenard continuó trabajando sobre un curioso efecto que el primero había descubierto accidentalmente en el curso de sus experimentos. Se trataba de lo que después se llamó el "efecto fotoeléctrico", cuyas desconcertantes propiedades experimentales entraban en contradicción flagrante con las predicciones de la física clásica. Este trabajo, conjuntamente con otras muchas investigaciones experimentales que realizó sobre los rayos catódicos y las propiedades de los electrones, lo hicieron acreedor de numerosos reconocimientos académicos, entre ellos, el premio Nobel de física de 1905.

Por aquella época, hacía rato que se había puesto en circulación en Alemania la percepción de algunos científicos importantes de que existía un "estilo judío" de hacer ciencia, contrapuesto al "estilo alemán". Así, en los años ochenta del siglo XIX, el matemático Karl Weierstrass había expuesto su criterio de que los grandes intelectos de origen judío carecían de fantasía e intuición. Félix Klein, otro importante matemático alemán, nada sospechoso de antisemitismo, había expresado en una conferencia dictada en 1911:

> Parece como si una intuición espacial fuerte e ingenua fuera atributo por antonomasia de la raza teutónica, mientras que la tendencia crítica y puramente lógica está más plenamente desarrollada en las razas latina y hebraica [14].

Y claro, circulaba también la célebre teoría racista y pangermánica de Houston Stewart Chamberlain, que en su libro titulado *Los fundamentos del siglo XIX,* publicado en 1899, declaraba que "la 'raza germánica' se distinguía por la minuciosidad, el ardor y la honestidad con que recurría a la experiencia, tanto en filosofía como en química o en no importa qué otro campo [18]".

Con todo, nadie hubiera catalogado a Lenard como antisemita antes de la Primera Guerra Mundial. Por ejemplo, si bien manifestaba su desacuerdo con el rechazo de la idea del éter por el joven Albert Einstein en su famosa memoria de 1905 sobre la teoría restringida de la relatividad, encomiaba en cambio su revolucionario trabajo del mismo año relativo al efecto fotoeléctrico. Y cuando Jakob Johann Laub obtuvo, en 1908, la plaza de asistente de Lenard en Heidelberg, su colega y amigo Einstein le escribió:

> ... creo que la oportunidad de trabajar con Lenard es aún más importante que el puesto de asistente y el sueldo juntos [...] Sopórtale sus chifladuras. Él es un gran maestro y una mente original. Quizás pueda ser bastante bueno socialmente con un hombre al que ha aprendido a respetar [3].

Parece que no resultó así. Dos años después el criterio de Einstein había cambiado radicalmente, a juzgar por lo que le escribió a Laub: "Lenard está realmente loco. Lleno de bilis y de intrigas [3] ".

Añádase a esto que la derrota de su país en la Primera Guerra Mundial traumatizó profundamente a Lenard, como a muchísimos otros alemanes. Pero pienso que el hecho que detonó en él el antisemitismo rabioso y seudocientífico que había de caracterizarlo después, fue el destacado papel desempeñado por los políticos judíos en la República de Weimar surgida en 1918, y —probablemente más que cualquier otra cosa— la fama mundial adquirida por Einstein a partir de la confirmación, en 1919, de una de las predicciones de la teoría general de la relatividad, divulgada espectacularmente fuera de Alemania. "Revolución en la ciencia / Nueva teoría del universo / Derribadas las ideas newtonianas" fue el titular del *Times* londinense del 7 de noviembre de aquel año. "La teoría de Einstein triunfa", anunciaba el *New York Times* tres días después [11]. El resultado fue que Einstein se convirtió de la noche a la mañana en una verdadera *vedette* internacional de la ciencia [4].

Sin duda, fueron los nazis quienes manejaron con más eficacia el antisemitismo para lograr sus fines, pero no fueron ellos los que lo inventaron en Alemania. Existía allí desde mucho antes, como en tantas otras partes, pese a que más de la mitad de los judíos berlineses se había bautizado durante las primeras décadas del siglo XIX, y los judíos de Alemania se contaban entre los más asimilados a su entorno en el mundo antes de la llegada de Hitler al poder [1].

En 1920 se creó una organización denominada Grupo de Estudio de Investigadores Científicos Alemanes, que dirigía un tal Paul Weyland, la cual utilizaba los medios de propaganda más costosos y ofrecía subvencionar de sus bien nutridos fondos a todo aquél que se comprometiera a hablar o escribir contra Einstein y la relatividad, teoría que los "rabiosos" calificaban de "parte de un complot semita para corromper al mundo en general y en particular a Alemania" [3]. Ningún miembro relevante de la comunidad científica alemana se había afiliado a dicha organización hasta que lo hizo Lenard, quien de esta forma le confirió la apariencia de respetabilidad que le faltaba, al menos ante los ojos del gran público. Una de sus muchas reuniones "antirrelativistas" se celebró el 24 de agosto en el local de la Filarmónica de Berlín, y a ella asistió Einstein, quien tres días después publicó en un periódico importante un artículo titulado "Mi respuesta. Sobre la Compañía Anti Teoría de la Relatividad, S.A." El propósito de esta asociación —afirmaba

# Meine Antwort.

**Ueber die anti-relativitätstheoretische G. m. b. H.**

Von [Nachdruck verboten.]

**Albert Einstein.**

Unter dem anspruchsvollen Namen „Arbeitsgemeinschaft deutscher Naturforscher" hat sich eine bunte Gesellschaft zusammengetan, deren vorläufiger Daseinszweck es ist, die Relativitätstheorie und mich als deren Urheber in den Augen der Nichtphysiker herabzusetzen. Neulich haben die Herren Weyland und Gehrke in der Philharmonie einen ersten Vortrag in diesem Sinne gehalten, bei dem ich selber zugegen war. Ich bin mir sehr wohl des Umstandes bewußt, daß die beiden Sprecher einer Antwort aus meiner Feder unwürdig sind; denn ich habe guten Grund zu glauben, daß andere Motive als das Streben nach Wahrheit diesem Unternehmen zugrunde liegen. (Wäre ich Deutschnationaler mit oder ohne Hakenkreuz statt Jude von freiheitlicher, internationaler Gesinnung, so . . .) Ich antworte nur deshalb, weil dies von wohlwollender Seite wiederholt gewünscht worden ist, damit meine Auffassung bekannt werde.

Zuerst bemerke ich, daß es heute meines Wissens kaum einen Forscher gibt, der in der theoretischen Physik etwas Erhebliches geleistet hat und nicht zugäbe, daß die ganze Relativitätstheorie in sich logisch aufgebaut und mit den bisher sicher ermittelten Erfahrungstatsachen im Einklang ist. Die bedeutendsten theoretischen Physiker — ich nenne H. A. Lorentz, M. Planck, Sommerfeld, Laue, Born, Larmor, Eddington, Debye, Langevin, Levi-Civita — stehen auf dem Boden der Theorie und haben meist wertvolle Beiträge zu derselben geleistet. Als ausgesprochenen Gegner der Relativitätstheorie wüßte ich unter den Physikern von internationaler Bedeutung nur Lenard zu nennen. Ich bewundere Lenard als Meister der Experimentalphysik; in der theoretischen Physik aber hat er noch nichts geleistet, und seine Einwände gegen die allgemeine Relativitätstheorie sind von solcher Oberflächlichkeit, daß ich es bis jetzt nicht für nötig erachtet habe, ausführlich auf dieselben zu antworten. Ich gedenke es nachzuholen.

Es wird mir vorgeworfen, daß ich für die Relativitätstheorie eine geschmacklose Reklame betreibe. Ich kann wohl sagen, daß ich zeitlebens ein Freund des wohlerwogenen, nüchternen Wortes und der knappen Darstellung gewesen bin. Vor hochtönenden Phrasen und Worten bekomme ich eine Gänsehaut, mögen sie von sonst etwas oder von Relativitätstheorie handeln. Ich habe mich oft lustig gemacht über Ergüsse, die nun zuguterletzt mir aufs Konto gesetzt werden. Uebrigens lasse ich den Herren von der G. m. b. H. gerne das Vergnügen.

FIGURA III.1. *Artículo de Einstein titulado "Mi respuesta. Sobre la Compañía Anti Teoría de la Relatividad, S.A.", publicado en el* Berliner Tageblatt *del 27 de agosto de 1920.*

Einstein— era desacreditar tanto su teoría como a su propia persona ante los ojos de quienes no son físicos. Y precisaba:

> Estoy muy consciente de que ninguno de los [que hablaron] merece una respuesta de mi pluma, y tengo buenas razones para creer que motivos diferentes del deseo de la búsqueda de la verdad están en el fondo de su empresa. (Si yo fuera un verdadero alemán, con svástica o sin ella, en lugar de un judío de disposición liberal internacional, entonces...)
>
> [...] Como opositor abierto a la teoría de la relatividad sólo puedo nombrar a Lenard entre los físicos de reputación internacional. Admiro a Lenard como un maestro de la física experimental; pero todavía no ha hecho nada en física teórica, y sus objeciones contra la teoría general de la relatividad son tan superficiales que hasta ahora no he considerado necesario responderlas en detalle. Ahora me propongo rectificar esa omisión [3].

El 25 de septiembre de 1920 tuvo lugar una confrontación directa entre Einstein y Lenard en la reunión anual de la Asociación Alemana de Científicos y Médicos que se celebró en Bad Neuheim, cerca de Francfort. Pero la sangre no llegó al río, en buena medida gracias a la habilidad con que Max Planck presidió la reunión [4].

Mientras tanto, Einstein había estado recibiendo toda clase de ofertas académicas tentadoras de las universidades y los centros científicos más importantes de Europa. Varios científicos alemanes eminentes salieron en defensa de Einstein. Arnold Sommerfeld, respetado presidente de la Sociedad de Física Alemana, le comunicó que él y Planck habían decidido elevar al presidente de la Asociación de Científicos una "protesta vehemente contra la demagogia 'científica', y un voto de confianza en usted", y le suplicaba:

> ¡No se vaya usted de Alemania! Toda su obra está enraizada en la ciencia alemana (y holandesa); en ninguna parte hallará tanta comprensión como en Alemania. No está en su carácter irse de Alemania ahora, cuando ella está siendo tan espantosamente mal interpretada por todo el mundo [3].

En fin de cuentas, Einstein decidió quedarse en Alemania esta vez, no sólo en atención a las razones aducidas por los colegas de mérito que lo habían respaldado o a las disculpas que le ofreció el ministro de Educación de la República, sino porque

> Creía que la República de Weimar ofrecía una nueva esperanza tanto para Europa en general como para Alemania en particular; y también, según Frank, sentía que "ahora era importante que todos los elementos de mentalidad progresista hicieran todo lo posible por aumentar el prestigio de la República Alemana" [3].

Ronald Clark —de cuya biografía de Einstein proceden las últimas citas— comenta que

> Lenard y la "Compañía de la Antirrelatividad" habían hecho plenamente consciente, en forma brutal, [a su biografiado] de lo que realmente podía ser el antisemitismo [y fue entonces cuando decidió hacer todo lo posible para] asegurar que a sus hermanos judíos se les diera todo el apoyo posible en sus esfuerzos para preservar su cultura, en una patria propia si fuese necesario. Daría una buena pelea contra el militarismo y el nacionalismo, con toda la lógica y la razón que él todavía esperaba que apreciaran otros hombres. Y Berlín era un mejor lugar para esa tarea que Leyden o Cambridge o Zurich [3].

Pero Berlín se tornaba cada vez más peligroso. El 22 de junio de 1922, Walther Rathenau, ministro de Relaciones Exteriores de la República de Weimar, un intelectual e industrial de origen judío, amigo de Einstein, moría en Berlín a consecuencia de un atentado realizado por extremistas de derecha. Otras figuras prominentes de origen judío también fueron víctimas de atentados similares en aquellos días. El 4 de julio, Einstein presentó su renuncia al Comité de Cooperación Intelectual de la Liga de las Naciones al cual pertenecía,

> ... no sólo por la trágica muerte de Rathenau —le explicaba a Madame Curie— sino porque en otras ocasiones he observado un fuerte sentimiento de antisemitismo entre las gentes que se supone que he de representar; y como ellas parecen inclinarse a esto en general, siento que no soy ya la persona indicada para el cargo [3].

Al día siguiente, Einstein le comunicó a Max Planck que cancelaba la conferencia que había aceptado dar en la reunión anual de la Asociación Alemana de Científicos y Médicos, la cual debía tener lugar en Leipzig en esos días con motivo de la celebración del centenario de la institución. En su carta a Planck, decía Einstein:

> ... [Varias] personas que merecen ser consideradas seriamente me han aconsejado independientemente no permanecer en Berlín por el momento, y especialmente que evite toda comparecencia pública en Alemania. Se supone que yo esté entre aquéllos a quienes los nacionalistas han marcado para ser asesinados [8].

No obstante, Einstein participó abiertamente en un gran mitin pacifista, que se celebró en Berlín el 1 de agosto de 1922. En octubre, Einstein partió para Japón, invitado a visitar el país por un editor. Unos días antes de su llegada recibió, a bordo del barco donde viajaba, un radiograma con la notificación de que se le había concedido el premio Nobel de física "por sus servicios a la física teórica y en particular por su descubrimiento de la ley del efecto fotoeléctrico". (Con anterioridad y a partir de 1910, había sido nominado diez veces para el mismo premio, pero sin éxito. [11]) Lenard acusó a la Academia Sueca de "tratar de restaurar el prestigio de Einstein sin comprometerse al apoyo de la relatividad" [3].

De Japón, Einstein viajó a Palestina; de allí pasó a España, desde donde llegó a Alemania en la primavera de 1923. Para entonces, se había instalado en Italia el régimen fascista de Benito Mussolini y los franceses habían enviado tropas al Ruhr en represalia contra Alemania por no haber pagado ésta su deuda por reparaciones de guerra. Como consecuencia, se agudizó fenomenalmente la crisis económica en el país. El 8 de noviembre los nazis intentaron una revuelta para alcanzar el poder en Munich. El principal revoltoso, Adolfo Hitler, fue condenado a cinco años de prisión, de los cuales sólo cumplió nueve meses. Durante ese tiempo dictó la primera parte de su *Mein Kampf* ("Mi lucha"), donde postulaba que deshacerse de los judíos, los socialistas y el parlamentarismo era el primer paso que debía darse para que Alemania ocupara finalmente, por la fuerza si era necesario, la rectoría mundial que le correspondía.

Alfred Rosenberg, uno de los nazis de los primeros momentos, elaboró una "teoría" según la cual los alemanes descendían de una supuesta "raza nórdica", cuyo carácter se había forjado en la lucha contra un medio hostil en un desaparecido continente semiártico, puro y frío. En consecuencia, postulaba Rosenberg que los alemanes constituían una raza superior que debía dominar toda Europa, eliminando en el proceso a sus enemigos, los "tártaros rusos" y los "semitas". Según el artículo de la *Enciclopædia Britannica* del cual he extraído estos detalles, "el antisemitismo de Rosenberg y su defensa del expansionismo 'nórdico' les dio cierto orden y dirección a los violentos prejuicios de Hitler".

Mientras tanto, otro de los primeros nazis e íntimo de Hitler, Julius Streicher, fundaba en 1923 *Der Stürmer*, un semanario rabiosamente antijudío que "inició la campaña general que condujo a la aprobación de las leyes antisemitas de Nuremberg en 1935". Recuerdo haber leído alguna vez que, momentos antes de ser ahorcado en aquella ciudad en 1947 —al igual que Rosenberg— como criminal de guerra convicto, Streicher exclamó sarcásticamente: "¡Purim Fest 1947!", aludiendo a la tradicional festividad judía. (La fiesta judía de Purim, semejante al carnaval, conmemora el milagro que, según un relato bíblico, permitió a los judíos de Persia escapar de su exterminio, urdido por el gran visir Amán. Éste fue finalmente ejecutado en la horca.)

Hecha esta digresión, hemos de volver sobre las huellas ideológicas de Philipp Lenard.

En 1929 se publicó en Munich una obra suya titulada *Grandes investigadores* (muy apreciada por Alfred Rosenberg), donde no sólo no se menciona el nombre de Albert Einstein, sino que se atribuye al físico austríaco Hasenöhrl la paternidad de la famosa ecuación $E = mc^2$. En cambio, no se pasa por alto la figura de Hertz, si bien acompañada del siguiente comentario:

> Heinrich Hertz era hijo de un abogado y senador de Hamburgo, de ascendencia judía; por parte de madre tenía sangre aria. [Siendo profesor en la Escuela Técnica Superior de Karlsruhe] realizó sus investigaciones sobre las ondas electromagnéticas. [Posteriormente produjo] su peculiar obra sobre los "Principios de la mecánica, presentados en una forma nueva", donde de repente emergió —solapadamente, debido al subdesarrollo del conocimiento racial de entonces— una fuerte mentalidad judía, que en sus anteriores y más fructíferos trabajos había permanecido más latente

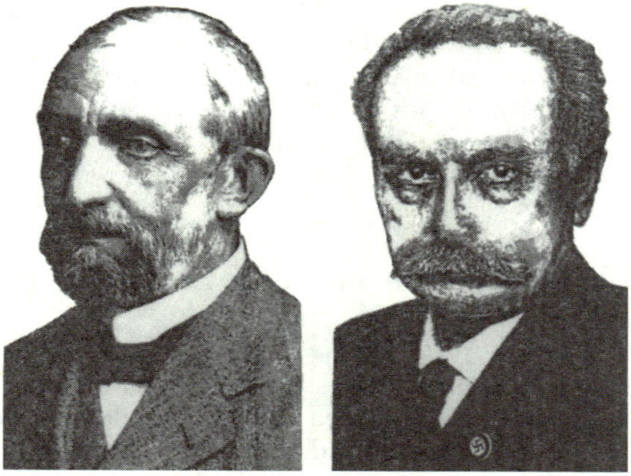

FIGURA III.2. *Philipp Lenard (izquierda) y Johannes Stark.*

(las mentalidades aria y judía a menudo se expresaban irreconciliablemente en Hertz, una al lado de la otra, con dominio de la segunda en los últimos años) [10].

Curiosamente, en la obra a que nos referimos se desconoce el mérito de Wilhelm Röntgen, físico experimental alemán, no judío, que descubrió en 1895 los rayos X, acontecimiento que revolucionó la física y la medicina modernas, y le valió que se le otorgara en 1901 el primer premio Nobel de física que se dio. El hecho de que, en el curso de sus experimentos sobre los rayos catódicos, el propio Lenard no llegara a realizar este descubrimiento, del cual estuvo apenas a un paso [12], seguramente explica la omisión del nombre de Röntgen en la obra de Lenard, y da una idea de su compleja psiquis.[1]

Pues bien, después del ascenso de los nazis al poder en 1933, Lenard publicó, entre 1936 y 1937, una obra en cuatro tomos impresos en letras góticas, titulada *Física alemana*, la cual se centraba en el concepto de energía y exaltaba la "ciencia aria". Según el autor,

[1] Según una nota aparecida años atrás en la famosa sección periodística de Ripley titulada "Créalo o no lo crea", Lenard "padecía de un horror mórbido al nombre de Isaac Newton. No soportaba pronunciarlo él mismo, verlo escrito u oírlo pronunciar. Cada vez que se hacía necesario usar el nombre en el curso de sus conferencias, se

> La ciencia judía no tardó en encontrar muchos intérpretes industriosos de sangre no judía, o prácticamente no judía. [...] Pueden resumirse todos ellos trayendo a la mente al judío de mentalidad pura, Albert Einstein. Sus "teorías de relatividad" buscan revolucionar y dominar la totalidad de la física. En realidad estas teorías están hoy liquidadas. Nunca se tuvo la intención de que fueran verdaderas [3].

Un poco antes, en 1935, el propio Lenard había declarado paladinamente:

> Tenemos que reconocer que es indigno de un alemán —y ciertamente dañino para él— que sea seguidor intelectual de un judío. La ciencia natural bien entendida es de origen completamente ario, y los alemanes tienen hoy que hallar también su propia vía hacia lo desconocido. ¡Heil Hitler! [17].

Como dije al principio, hubo otro premio Nobel de física alemán, Johannes Stark, que se dedicó a difundir la misma concepción racista de la ciencia. Doce años más joven que Lenard, tenía cincuenta y nueve cuando Hitler llegó al poder. Nazi y antisemita militante, fue nombrado en 1933 presidente del Instituto Físico-Técnico del Reich, cargo que desempeñó hasta el año 1939. En 1937 la revista británica *Nature* publicó un artículo suyo en el que decía haber llegado a la conclusión de que en física existían dos tipos principales de mentalidad, la de "espíritu pragmático de la cual han surgido las creaciones de descubrimientos exitosos tanto pasados como presentes", y la mentalidad de la "escuela dogmática", que parte de ideas arbitrarias, etc. En este último grupo incluía no sólo las ideas de Einstein, sino las de Schrödinger, Jordan, Heisenberg y Sommerfeld. Y añadía:

> He tomado partido contra el espíritu dogmático en Alemania porque he podido observar repetidamente su efecto debilitante y dañino sobre el desarrollo de la investigación física en este país. En este conflicto también he dirigido mis esfuerzos contra la influencia dañina de los judíos en la ciencia alemana, porque los considero como los principales exponentes y propagandistas del espíritu

ponía de espaldas al aula, y dejaba que alguien lo escribiera en una pizarra, para borrarlo antes de que él reanudara su conferencia" [13].

> dogmático. [...] Puede aducirse de la historia de la ciencia que los fundadores de la investigación en física, y los grandes descubridores desde Galileo y Newton hasta los físicos pioneros de nuestro propio tiempo, han sido casi exclusivamente arios, predominantemente de la raza nórdica. [...] Si examinamos los autores, representantes y propagandistas de las teorías dogmáticas modernas, hallamos entre ellos una preponderancia de hombres de ascendencia judía. Si recordamos adicionalmente que los judíos desempeñaron un papel decisivo en la fundación del dogmatismo teológico y que los autores y propagandistas de los dogmas del marxismo y el comunismo son en su mayoría judíos, tenemos que establecer y reconocer el hecho de que la inclinación natural al pensamiento dogmático aparece con especial frecuencia en gentes de origen judío [2].

Este artículo de Stark era en realidad una versión "moderada" del que había publicado poco antes, el 15 de julio de 1937, en *Das Schwarze Korps*, el órgano de los SS. Allí puede leerse:

> Hay una esfera en particular donde encontramos el espíritu de los "judíos blancos" en su forma más intensa y donde lo que es común entre la visión de los "judíos blancos" y las enseñanzas y tradiciones judías puede probarse directamente, a saber, en la ciencia. Purgar la ciencia del espíritu judío es nuestra tarea más urgente. Porque la ciencia representa una posición clave desde la cual el judaísmo intelectual puede siempre ganar de nuevo una influencia significativa sobre todas las esferas de la vida nacional. Así, es característico que en momentos que traen nuevas tareas a la medicina alemana y que esperan por logros decisivos en los campos de la herencia, higiene racial y salud pública, nuestras revistas médicas... etc. [2]

El ataque iba dirigido contra los físicos teóricos alemanes que, sin poder acusárseles de tener sangre judía en las venas, gozaban de gran prestigio por los resultados de sus investigaciones en física moderna. En este grupo figuraban desde el políticamente sospechoso Max von Laue, hasta el militante nazi Pascual Jordan, pasando por Arnold Sommerfeld, Max Planck y Werner Heisenberg. De inmediato, este último resultaba el más perjudicado por la diatriba de Stark, pues se encontraba gestionando su nombramiento como sucesor de Sommerfeld en la Universidad de Munich.

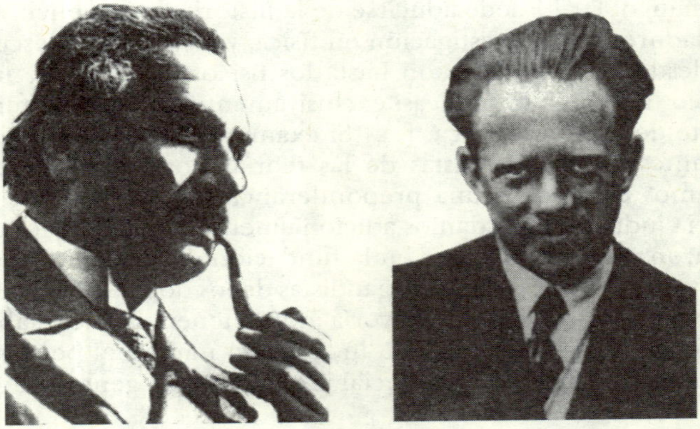

FIGURA III.3. *Albert Einstein (izquierda) y Werner Heisenberg.*

Aunque Heisenberg simpatizaba con la idea de la dominación del mundo por Alemania y se había acomodado de buen grado a la colaboración con el régimen, por otra parte era un hecho notorio que —al igual que sus colegas antes mencionados— se negaba a compartir el repudio visceral de los "rabiosos" a la teoría de la relatividad, y tampoco participaba de la histeria antisemita oficial [15,20,21].

En un esfuerzo por quitarse de encima el peligroso marbete de "judío blanco" con que se le había marcado en *Das Schwarze Korps,* Heisenberg solicitó inmediatamente que se aclarase su situación, en una carta entregada por un familiar al poderoso jefe de la Gestapo, Heinrich Himmler. Al cabo de un año de exhaustivas investigaciones, éste llegó a la conclusión de que el régimen no podía "darse el lujo de perder o silenciar a este hombre, que es aún joven y puede todavía preparar a una nueva generación de científicos" [5]. De su carta de respuesta a Heisenberg son los siguientes párrafos:

> Me complace poder informarle ahora que no apruebo el ataque del Schwarze Korps y que he tomado medidas contra cualquier nuevo ataque a usted.
>
> ... Considero lo mejor, sin embargo, que en el futuro haga usted una distinción ante su audiencia entre los resultados de la investigación científica y las actitudes personales y políticas de los científicos involucrados [5].

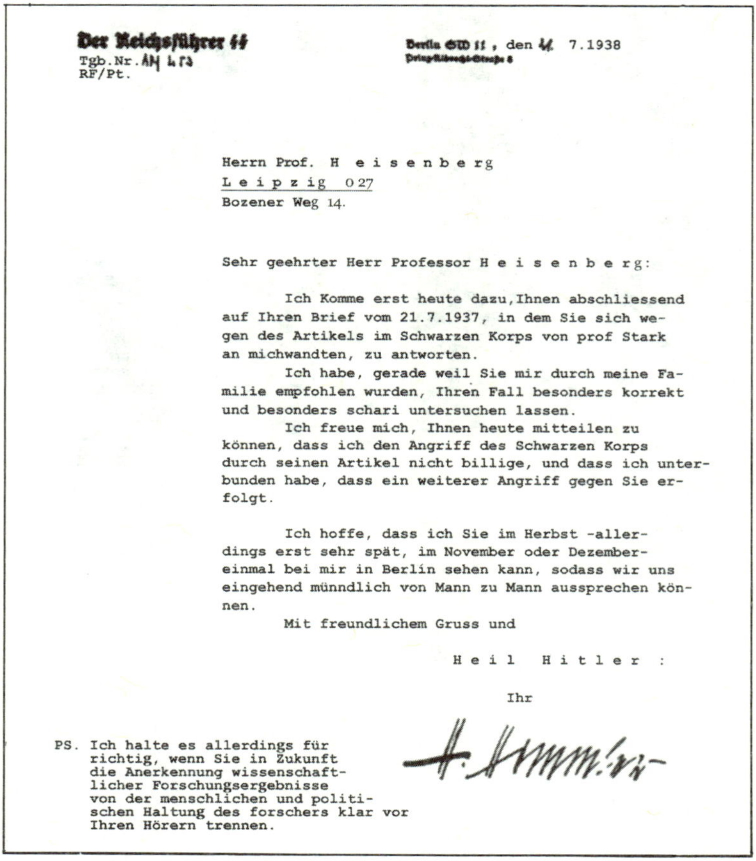

**Der Reichsführer SS**
Tgb.Nr. [illegible]
RF/Pt.

Berlin SW 11, den [illegible] 7.1938
Prinz-Albrecht-Straße 8

Herrn Prof. H e i s e n b e r g
L e i p z i g O 27
Bozener Weg 14.

Sehr geehrter Herr Professor H e i s e n b e r g:

Ich Komme erst heute dazu, Ihnen abschliessend auf Ihren Brief vom 21.7.1937, in dem Sie sich wegen des Artikels im Schwarzen Korps von prof Stark an michwandten, zu antworten.

Ich habe, gerade weil Sie mir durch meine Familie empfohlen wurden, Ihren Fall besonders korrekt und besonders schari untersuchen lassen.

Ich freue mich, Ihnen heute mitteilen zu können, dass ich den Angriff des Schwarzen Korps durch seinen Artikel nicht billige, und dass ich unterbunden habe, dass ein weiterer Angriff gegen Sie erfolgt.

Ich hoffe, dass ich Sie im Herbst -allerdings erst sehr spät, im November oder Dezember- einmal bei mir in Berlín sehen kann, sodass wir uns eingehend münndlich von Mann zu Mann aussprechen können.

Mit freundlichem Gruss und

H e i l H i t l e r :

Ihr

[illegible]

PS. Ich halte es allerdings für richtig, wenn Sie in Zukunft die Anerkennung wissenschaftlicher Forschungsergebnisse von der menschlichen und politischen Haltung des forschers klar vor Ihren Hörern trennen.

FIGURA III.4. *Carta de Himmler a Heisenberg.*

Heisenberg le respondió inmediatamente a Himmler expresándole su conformidad con la decisión, a la vez que insistía en que debía ser rehabilitado públicamente, cosa que no logró, puesto que en definitiva le fue negada la cátedra de la Universidad de Munich a que aspiraba y también se le negó una plaza de profesor de física teórica que se hallaba vacante en la Universidad de Viena. Pero conservó su condición de catedrático de la misma disciplina en la Universidad de Leipzig hasta 1941, cuando pasó a la de Berlín, siendo nombrado poco des-

FIGURA III.5. *Quema de libros en Alemania nazi (1933). El letrero dice: "Los estudiantes alemanes marchan contra el intelecto no alemán."*

pués director del Instituto de Física Kaiser Wilhelm, donde se desarrollaron investigaciones sobre energía nuclear.

Por entonces, hacía tiempo que los desorbitados ataques de Stark contra los que calificaba unas veces de "judíos blancos en la ciencia" y otras de "virreyes del espíritu einsteniano" o "virreyes del judaísmo en la vida intelectual alemana", unidos a la patológica conflictividad general que lo caracterizaba, habían terminado por enemistarlo no sólo con casi todos sus colegas [7], sino con importantes funcionarios nazis. Al final, éstos decidieron desembarazarse de él y llegaron a sacarlo por completo de la vida institucional alemana en 1939.

Las relaciones de Lenard con sus colegas "arios" más prestigiosos terminaron también en franca crisis, por las mismas razones de fondo. ¿Cómo pudiera interpretarse si no el cartel colocado en su puerta, que decía: "Prohibida la entrada a los judíos y a los miembros de la Sociedad Alemana de Física?" [9].

Tras la derrota de la Alemania hitleriana, Stark fue juzgado en 1947 por un tribunal de desnazificación, que lo condenó a cuatro años de trabajos forzados, pero apeló la sentencia y ésta no fue ejecutada. Murió en 1957, a los 83 años. En cuanto a Lenard, la intervención del químico Karl Freudenberg evitó que fuese sometido a juicio de desnazificación. Murió en 1947, a la edad de 85 años, retirado a un pueblecito insignificante [18].

En cuanto a Heisenberg, si bien cesó en la dirección del Kaiser Whilelm al terminar la guerra, fue nombrado inmediatamente profesor de física teórica en la Universidad de Gotinga. En 1956 pasó a formar parte de la Comisión de Energía Atómica alemana y del claustro de la Universidad de Munich, ciudad donde falleció en 1976, a los 75 años de edad.

El siniestro Heinrich Himmler, que, como ya se ha visto, había contribuido a cortarle las alas a los excesos del "movimiento de la física alemana" por considerarlos contraproducentes, tuvo menos suerte que Lenard y Stark. Al producirse la rendición de la Alemania nazi en 1945, trató de escapar disfrazado y con papeles falsos, pero al ser descubierto y arrestado se suicidó mordiendo una cápsula de cianuro que llevaba escondida en la boca.

## REFERENCIAS


[1] Ausubel, N. (1953), *Pictorial history of the Jewish people: From Bible times to our own day throughout the world*, Crown Publishers, Nueva York.

[2] Bernal, J. D. (1939), *The social function of science*, George Routledge & Sons, Londres.

[3] Clark, R. W. (1971), *Einstein: The life and times*, World Publishing Co., Nueva York y Cleveland.

[4] Elton, L. (1986), "Einstein, general relativity, and the German press, 1919-1920", *Isis*, 77(286/Mar.):95-104.

[5] Goudsmith, S. A. (1947), *Alsos*, Henry Schuman, Nueva York.

[6] Hermann, A. (1981), "Philipp Lenard", en Gillispie, C.C. [Ed.], *Dictionary of scientific biography*, Chas. Scribner's Sons, Nueva York.

[7] ——— (1981), "Johannes Stark", en Gillispie, C.C. [Ed.], *Dictionary of scientific biography*, Chas. Scribner's Sons, Nueva York.

[8] Hoffman, B. (1973), *Albert Einstein*, Paladin, St. Albans, 1975.

[9] Mackay, A. L. [Ed.] (1991), *A dictionary of scientific quotations*, Adam Hilger, Bristol.
[10] O'Hara, J. G y Pricha, D.W. (1987), *Hertz and the Maxwellians*, Peter Peregrinus / Science Museum, Londres.
[11] Pais, A. (1982), *Subtle is the Lord...: The science and the life of Albert Einstein*, Oxford University Press, Oxford.
[12] Papp, D. (1961), *Historia de la física*, Espasa-Calpe, Madrid.
[13] Ripley (1958), *Ripley's Believe it or Not!*, 6ª serie, Pocket Books, Nueva York.
[14] Rowe, D. E. (1986), " 'Jewish mathematics' at Göttingen in the era of Felix Klein", *Isis*, 77(288/Sep.):422-449.
[15] Schucking, E. L. (1999), "Jordan, Pauli, politics, Brecht, and a variable gravitational constant", *Physics Today*, 67(10/ Oct.):26-31.
[16] Sereny, G. (1991): "David Irving resells Hitler's war / His words provoke Sieg Heils in Germany. His books are in the shops in London", *The Independent*, 27 nov.
[17] Taylor, L. W. (1941), *Physics, the pioneer science*, Dover Publications, Nueva York, 1959.
[18] Thuillier, P. (1987), "El nazismo y la 'ciencia judía' ", *Mundo Científico*, (69/ May.):531-535.
[19] Trevor-Roper, H. (1985), "Seas of unreason" (Reseña del libro de Müller-Hill, B.: *Tödliche Wissenschaft: Die Aussonderung von Juden, Zigeunern und Geisteskranken 1933-1945*, Rowohlt Taschenbuch Verlag, Reinbeck bei Hamburg, 1984), *Nature*, 313(31 ene.):407-408.
[20] Walker, M. (1992), "Physics and propaganda: Werner Heisenberg's foreign lectures under National Socialism", *Historical Studies in the Physical and Biological Sciences*, 22(2):422-449.
[21] ——— (1994), "La física bajo el Tercer Reich", *Mundo Científico*, (145/Abr.):324-331.

# IV. Niels Bohr y la bomba

> Nosotros los científicos, cuyo trágico destino ha sido ayudar a la creación de los métodos de aniquilación más espantosos y más eficaces, tenemos que considerar nuestro deber solemne y trascendente el hacer cuanto esté en nuestras manos para evitar que estas armas se usen con el brutal propósito para el cual fueron creadas.
>
> ALBERT EINSTEIN, *Un mensaje a los intelectuales* (1948)

A PRINCIPIOS del mes de octubre de 1943, un avión cazabombardero pintado de negro y sin marcas de identificación aterrizó en una disimulada base aérea británica próxima a Edimburgo. De inmediato salieron a su encuentro sobre la pista una ambulancia y otro vehículo. No tardó en abrirse el compartimento de bombas del aparato y extraerse de él su única carga: un hombre cejudo de cerca de 60 años, exánime por la falta de oxígeno a que había estado sometido durante el vuelo.

Para el piloto, había sido un viaje de ida y vuelta, destinado en lo esencial a recoger al pasajero cerca de Estocolmo, en una pista de aviación aparentemente abandonada, y llevarlo sano y salvo a Gran Bretaña, al amparo de la oscuridad de la noche, evitando ser interceptado por los cazas alemanes.

La operación debió efectuarse en forma clandestina, dada la decisión de Suecia de mantenerse neutral a toda costa en la contienda durante la Segunda Guerra Mundial, lo cual implicaba la oposición de su gobierno a vincularse a nada que pudiese molestar a los nazis. Y era indudable que la salida del país de aquel hombre les habría desagradado profundamente, no sólo porque había escapado pocos días antes, con toda su familia, de la Dinamarca ocupada por las tropas alemanas, sino —muy particularmente— porque se trataba de Niels Bohr, el gran patriarca de los físicos atómicos del mundo.

—Tiene el pulso un poco débil, pero se pondrá bien —respondió el médico a la pregunta del alto oficial que se encontraba a su lado, al pie del avión recién llegado.

Al emprender su arriesgado viaje sobre el Mar del Norte, ignoraba el científico que los servicios de inteligencia británico y estadunidense habían planeado su fuga, no animados de un interés exclusivamente humanitario, sino con un doble fin: por una parte, evitar que el enemigo pudiera beneficiarse de lo que se consideraba la "peligrosa pasión [de Bohr] por compartir el conocimiento", y, por otra parte, incorporarlo a los trabajos encaminados a la creación de la bomba atómica, que a la sazón venían realizándose secretamente en los Estados Unidos [12].

De este segundo propósito habría de enterarse cinco días más tarde cuando, ya completamente recuperado, se entrevistó el físico danés con Winston Churchill, el Primer Ministro británico. Un funcionario que participó en la entrevista anotó en su diario la impresión que le causó el visitante:

> ¡Qué hombre! Habló de forma casi inaudible durante tres cuartos de hora —no tengo la más remota idea sobre qué [...] Es un hábito perezoso creciente de farfullar un revoltillo de pensamientos desordenados [12].

La primera reacción de Bohr ante la proposición de que se trasladara a los Estados Unidos para trabajar en la bomba fue negativa, pues argumentaba que no se debía combatir una barbarie con otra. Pero aceptó finalmente, y a fines de año viajó a Nueva York como miembro del grupo de colaboradores británicos, en compañía de su hijo Aage, físico teórico como él.

Casi exactamente 30 años antes —en 1913—, Niels Bohr había alcanzado la notoriedad internacional que ya no lo abandonaría jamás, con la creación del modelo del átomo que lleva su nombre y que sería el éxito más contundente de su carrera científica, aun cuando no habían de faltar en ella otros logros trascendentales.

Consistente con el descubrimiento del núcleo atómico realizado antes por Rutherford y sus colaboradores, y también con los datos empíricos suministrados por la espectroscopía de la época, aquella construcción teórica se apoyaba en un extraño maridaje de los conceptos de la física clásica y la idea de los cuantos, que Planck había puesto en circulación en el último año del siglo XIX y la audacia de Einstein había extendido a la radiación electromagnética cinco años después. No tardaron

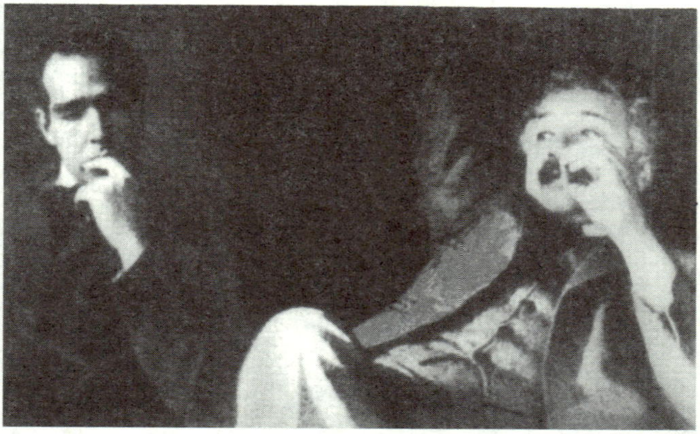

FIGURA IV.1. *Niels Bohr y Albert Einstein discuten sobre los fundamentos de la mecánica cuántica. (Foto tomada por P. Ehrenfest en 1927.)*

en confirmarse experimentalmente varias consecuencias importantes del "átomo de Bohr", lo cual promovió su aceptación universal como valiosa hipótesis de trabajo. No obstante, pronto se echaron de ver también las limitaciones que presentaba el modelo en el orden teórico.

Pero lo más interesante de todo es que fueron precisamente los esfuerzos de los científicos para superar dichas limitaciones los que desencadenaron la gran revolución conceptual de la física que culminó, en el período 1925-1927, con la creación de la "mecánica cuántica", considerada hoy la teoría física más fructífera de todos los tiempos, y también la más inquietante desde el punto de vista conceptual.

Tal como ocurrieron las cosas, la mecánica cuántica fue, en gran medida, el resultado de una labor colectiva realizada fundamentalmente por físicos jóvenes vinculados a tres centros científicos: las universidades alemanas de Munich y Gotinga, y el Instituto de Física Teórica de la Universidad de Copenhague.

Dirigido por Niels Bohr desde su fundación en 1921, este instituto fue durante los diez años siguientes el centro de investigación más importante del mundo dedicado a la teoría cuántica de la estructura atómica. En sus seminarios se dieron a conocer ante la comunidad científica internacional no pocos de los que luego serían los directores de prestigiosos centros de in-

FIGURA IV.2. *Heisenberg (izquierda) y Bohr conversan a la hora del almuerzo en el Instituto de Física Teórica de Copenhague (1934).*

vestigación en todo el orbe. Muchos de los que habían de realizar importantes contribuciones a la física del siglo XX quedarían marcados para siempre por el estilo y los puntos de vista desarrollados en Copenhague en el curso de la labor colectiva que, orientada por Bohr, tenía como meta descifrar los enigmas del micromundo.

> Del primero al último día, el espíritu profundamente creativo y crítico de Niels Bohr guió, refrenó, profundizó, y finalmente transformó esta audaz empresa... [8]

declaró años después J. Robert Oppenheimer, el mismo que, cuando el físico danés y su hijo Aage (bajo los falsos nombres de Nicholas y James Baker, respectivamente) llegaron a los Estados Unidos en diciembre de 1943, dirigía el programa para la creación de la bomba atómica, que se estaba desarrollando entonces en Los Álamos, Nuevo México.

Después del lanzamiento de la bomba sobre Hiroshima y Nagasaki, se adueñó de Oppenheimer, al igual que de otros participantes en aquella empresa, un profundo sentimiento de culpabilidad por haber contribuido a crear la primera arma atómica, ya que, en la forma en que se manejó, este hecho dio origen a la carrera de las armas nucleares que durante decenios amenazó de manera muy real la existencia de la civilización sobre nuestro planeta, sin que hasta el día de hoy pueda decirse que el peligro haya desaparecido por completo, ni mucho menos.

Niels Bohr fue uno de los primeros científicos que se percataron de aquel peligro e hicieron lo posible por evitarlo, pues comprendía claramente que ocultarle a la Unión Soviética los pasos que se estaban dando con miras a la creación del arma atómica, hasta que ésta exhibiera en el teatro de operaciones su terrible poder destructivo, no podía tener otro efecto que reforzar la sospecha que, por razones diversas, albergaban los soviéticos con respecto a las intenciones futuras de sus aliados occidentales. Todo esto, pensaba Bohr, les obligaría a responder creando rápidamente su propia bomba, en el contexto de una carrera de armas nucleares de peligrosísimas consecuencias para el futuro de la humanidad.

Aprovechando la influencia que le daba su enorme prestigio entre los físicos atómicos, y a sugerencia de Roosevelt, a quien se le había informado sobre sus puntos de vista y no los había rechazado, Bohr volvió a Londres en abril de 1944 —casi medio año antes de aprobarse el diseño definitivo de la primera bomba— para entrevistarse con Churchill, explicarle sus aprensiones sobre el desencadenamiento de la carrera de las armas nucleares que preveía, y proponerle compartir con la Unión Soviética el secreto del arma nuclear. Pero el Primer Ministro, que practicaba un antisovietismo irreductible, rechazó la propuesta sin pensarlo dos veces. Más aún: el 20 de septiembre, al día siguiente de haberse reunido con el presidente Roosevelt, le pasó a su asesor científico, Lord Cherwell, una nota donde, entre otras cosas, decía crudamente:

> Me parece que Bohr debería ser encarcelado o al menos hacérsele ver que está al borde de crímenes mortales [9].

Infortunadamente, la historia subsiguiente no hizo sino validar los temores del científico danés con relación a la carrera de las armas nucleares, al igual que tantas veces se habían comprobado antes en el laboratorio sus conjeturas sobre la física del micromundo, conjeturas a menudo inquietantes, que hasta el día de hoy parecen obstinarse en seguir confirmándose experimentalmente.

Sobre esas ideas, que constituyen el credo de la llamada Escuela de Copenhague, nada se dirá aquí. Pero con vistas a comprender mejor la relación de Bohr con la bomba atómica, a continuación examinaremos el asunto con mayor detalle, comenzando en 1938.

### El mecanismo de la fisión nuclear

Otto Frisch trabajaba en el instituto de Bohr cuando, con motivo de las vacaciones de Navidad de 1938, visitó a su tía, Lise Meitner, en Suecia, país a donde ella había emigrado meses antes, víctima de la persecución antisemita desatada en Alemania por los nazis.

La Meitner había recibido una carta de Otto Hahn, con quien había trabajado muchos años, en la que éste le comunicaba que él y su colaborador Fritz Strassmann, tratando de verificar ciertos resultados experimentales obtenidos por Irène Joliot-Curie y P. P. Savich, habían obtenido un radioisótopo del bario al bombardear el uranio con neutrones: algo verdaderamente inesperado, ya que el bario es un elemento de masa atómica elevada y hasta entonces todas las reacciones nucleares conocidas habían dado lugar únicamente a la emisión de fragmentos nucleares muy ligeros, tales como protones, neutrones y partículas alfa.

Tía y sobrino se pasaron todo el tiempo tratando de encontrarle una explicación al nuevo resultado experimental. Finalmente, mientras paseaban por un bosque nevado, dieron con ella: el bombardeo de neutrones había dado lugar a la división —"fisión"— del núcleo del átomo de uranio. Como consecuencia, se habían formado dos elementos, cada uno con una masa atómica *aproximadamente* igual a la mitad de la original, en forma tal que una pequeña parte de la masa del uranio se transformaba en energía según la ecuación de Einstein, $E = mc^2$. Todo indicaba que podía hallarse una justificación satisfactoria del fenómeno utilizando al efecto el modelo de un

FIGURA IV.3. *Niels Bohr (1885-1962). (Dibujo de P. Chernuski.)*

núcleo con propiedades semejantes a las de una gota líquida, propuesto por Bohr en 1936.

En enero de 1939, Niels Bohr embarcó hacia los Estados Unidos con el propósito de participar en la Quinta Conferencia de Física Teórica de Washington y pasarse tres meses trabajando en Princeton, donde residía Einstein. Bohr dio a conocer en la conferencia la interpretación —entonces aún no publicada— propuesta por Meitner y Frisch para explicar los resultados que Hahn y Strassmann habían obtenido en el laboratorio. Poco después, también pudo dar a conocer la verificación experimental de aquella interpretación, que acababa de realizar Frisch en Copenhague [4].

La noticia se difundió con asombrosa rapidez entre los físicos de los Estados Unidos, muchos de los cuales eran, en aquellos tiempos, europeos fugitivos del nazi-fascismo. Entre ellos se contaban el húngaro Leo Szilard y el italiano Enrico Fermi, quien unas semanas antes había salido de la Italia fascista para recibir el premio Nobel de física y había aprovechado la ocasión para emigrar a los Estados Unidos. En las discusiones que, a propósito de la fisión, sostuvo Bohr durante la conferencia de Washington, Fermi sugirió la posibilidad de que, al fragmentarse el núcleo de uranio, se produjeran neutrones adicionales, algunos de los cuales pudieran dar lugar a nuevas fisiones, con producción de más neutrones, capaces a su vez, de originar otras fisiones, y así repetidamente, lo cual posibilitaría la creación de una reacción en cadena susceptible de liberar vastas cantidades de energía en un instante.

Antes de que terminara la conferencia de Washington, cuatro laboratorios estadunidenses habían puesto manos a la obra y logrado confirmar experimentalmente la hipótesis de la fisión del uranio.

Del otro lado del océano, Irène y Frédéric Joliot-Curie, al leer en el número de enero de 1939 de la revista *Naturwissenschaften* el artículo donde Hahn y Strassmann daban a conocer su hallazgo, comprendieron inmediatamente la trascendencia del asunto. Joliot y sus colaboradores, Halban y Kowarski, trabajando intensamente en el laboratorio llegaron a la conclusión, ya en el mes de abril, de que se producían, como promedio, más de tres neutrones por cada fisión de un núcleo de uranio, lo cual garantizaba la posibilidad de lograr una reacción en cadena divergente. En los Estados Unidos, Szilard y Zinn por un lado y, por el otro, Fermi, Anderson y Hanstein atacaron el mismo problema y publicaron en el número de abril de 1939 de la *Physical Review* sus respectivas conclusiones experimentales, que confirmaban la posibilidad de la reacción en cadena gracias a los neutrones adicionales emitidos por en núcleo de uranio al ser fisionado.[1]

[1] Hoy se admite que en cada fisión se emiten 2.5 neutrones como promedio, número que fue por muchos años un bien guardado secreto militar.

En mayo de 1939 el grupo francés llegó a la concepción de un reactor y una bomba nucleares, basados en la reacción en cadena divergente, cuya viabilidad garantizaban en principio sus propios hallazgos experimentales. Pero en el mes de septiembre estalló la Segunda Guerra Mundial y Francia se vio involucrada en ella, por lo que Joliot y sus asociados decidieron mantener en secreto los últimos resultados obtenidos. Con la idea de proteger en el futuro las prioridades francesas, depositaron en la Academia de Ciencias un sobre lacrado donde se exponían las ideas sobre el posible empleo práctico de las reacciones nucleares en cadena.

Poco antes de estallar la guerra, Joliot había conseguido del gobierno del Frente Popular, entonces en el poder, apoyo para construir un arma estratégica y obtener una fuente de energía importante utilizando al efecto la reacción en cadena del uranio. Como resultado, al consumarse la derrota de su ejército en junio de 1940, Francia disponía de importantes instalaciones de tipo industrial para el desarrollo nuclear, diez gramos de radio, siete toneladas de óxido de uranio congolés, y la totalidad de las reservas de agua pesada obtenidas por su único productor en el mundo, la planta Norsk Hydro Co., de Noruega. Pero ante el mal cariz que estaban tomando los acontecimientos militares, se decidió evacuar los equipos y materiales hacia el sur del país. Al firmarse la capitulación, tras esconder de los alemanes el uranio y el radio que tenía en su poder, Joliot embarcó a sus colaboradores Halban y Kowarski hacia Gran Bretaña para que se pusieran a disposición de los aliados. Llevaban consigo sus anotaciones de laboratorio y veintiséis latas de cinco litros llenas de agua pesada.[2]

Luego de tres días de peligrosa navegación, Halban y Kowarski llegaron felizmente a Inglaterra el 21 de junio de 1940. Poco después, dieron a conocer allí los resultados obtenidos en Francia. Instalados en el Laboratorio Cavendish, a fines de año lograron demostrar experimentalmente que un sistema compuesto por átomos de uranio y agua pesada como moderador, podía convertirse en asiento de una reacción en cadena divergente por neutrones lentos, si sus dimensiones eran sufi-

[2] Joliot decidió permanecer en Francia para continuar la lucha contra la ocupación alemana, mientras guardaba las apariencias de un científico dedicado a estudios radiobiológicos en el Collège de France [3].

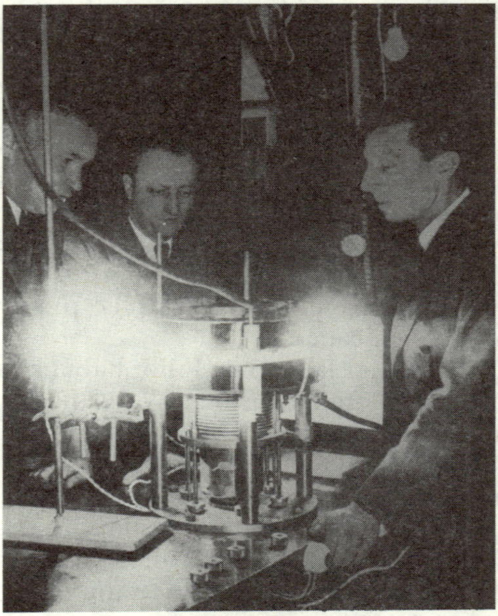

FIGURA IV.4. *De izquierda a derecha: Kowarski, Halban y Joliot-Curie trabajando en el Collège de France.*

cientemente grandes. En realidad, debían hacerse tan grandes que el principio propuesto hacía impracticable la fabricación de un arma nuclear de utilidad práctica.

Sin embargo, ya en la primavera del año 1940, los físicos Otto Frisch y Rudolph Peierls, a la sazón emigrados en Inglaterra, habían llegado a la trascendental conclusión de que si se extraían unos cuantos kilogramos del isótopo de masa atómica 235 (que representa tan sólo un 0.73 % del total) podía conseguirse la "masa crítica" necesaria para crear una bomba nuclear práctica, la cual podría fabricarse en muy pocos años, con tal que se construyeran las costosas y complejas instalaciones tecnológicas requeridas y se trabajara intensamente.

### La guerra y la paz

Frisch y Peierls, en un memorándum de apenas tres páginas que se hizo llegar al primer ministro Winston Churchill en abril de 1940, habían expresado con claridad y sólido fundamento científico "la posibilidad práctica de hacer una bomba y los horrores que ella traería". La idea fue aprobada en principio y, para ocuparse de ella con más profundidad, se creó el llamado Comité MAUD en el ministerio británico dedicado a la producción de aviones.

En julio de 1941, cuando el comité llegó a la conclusión de que la fabricación del arma atómica era viable, Washington le propuso a Londres abordar conjuntamente su fabricación, pero en aquella oportunidad los británicos acogieron fríamente la proposición, pues su adelanto con respecto a los estadunidenses era muy grande y pensaban que no necesitaban de nadie para abordar la empresa y culminarla felizmente.

Según Szilard, "entre fines de 1939 y la primavera de 1940 no se estaba realizando en los Estados Unidos ni un solo experimento que estuviese dirigido a explorar las posibilidades de la reacción en cadena". Esa era la situación, pese a que el propio Szilard, Fermi y algún otro físico habían logrado interesar en el asunto a ciertos funcionarios, e incluso el primero había convencido a Einstein de que le enviara al presidente Roosevelt la hoy famosa carta del 2 de agosto de 1939, donde el padre de la teoría de la relatividad alertaba con respecto a las posibilidades existentes de crear una bomba atómica de terrible poder destructivo, y proponía tomar las medidas necesarias para evitar que los nazis tuvieran la bomba antes que nadie.

Si bien es cierto que la advertencia de Einstein se tradujo en la decisión de Roosevelt de crear el llamado Comité del Uranio para estudiar las perspectivas de la bomba, la falta de confianza de los militares de EUA en la posibilidad real de lograr a tiempo el arma atómica entorpeció la labor de dicho comité. Una nueva carta de Einstein, en marzo de 1940, parece que tuvo por efecto que se implantara en los Estados Unidos un régimen de secreto para la divulgación de los resultados de las investigaciones relativas al uranio y la reacción en cadena.

Frente a todas las incomprensiones y dificultades, pero con la decisiva contribución de los físicos europeos de alto nivel refugiados en los Estados Unidos, los estudios sobre la bomba continuaron avanzando en ese país, de suerte que, a fines de 1941, podía decirse que se había llegado a entender casi completamente la teoría general de la reacción en cadena originada por neutrones lentos, y sólo quedaban dudas importantes que despejar en lo relativo al valor de los diversos parámetros y a las posibilidades tecnológicas de realización. También se había avanzado mucho en la teoría de la fisión del uranio 235 mediante neutrones rápidos, y se había llegado a la conclusión de que la fisión de un kilogramo de dicho isótopo resultaba equivalente a la explosión de 2 000 toneladas de TNT.

Mientras tanto, las investigaciones sobre los procesos de interés para la fabricación de la bomba atómica habían continuado avanzando en Inglaterra, donde, en septiembre de 1941, se creó al efecto un comité que, para no llamar la atención, recibió el inocente nombre de Directorio de Aleaciones de Tubos. Unos meses más tarde se hizo evidente para los británicos que sus limitados recursos y los bombardeos enemigos no les permitirían continuar trabajando solos en la empresa. Entonces les propusieron unificar sus respectivos proyectos a los estadunidenses, pero ahora fueron éstos quienes rechazaron la idea. Lo que sí aceptaron fue que un grupo de científicos enviados por Aleaciones de Tubos participara en los trabajos que se desarrollaban en EUA. Los británicos aceptaron, y en 1943 dejó de existir como tal el proyecto británico de la bomba.

Convertida en "pariente pobre" de los Estados Unidos con relación al arma nuclear, Gran Bretaña estaba vitalmente interesada en hacer sentir el peso de su contribución a la empresa, con el fin de fortalecer la propia posición a la hora de reclamar su parte en los importantes resultados de la investigación nuclear que se preveían para un futuro bastante próximo y también a largo plazo. En estas circunstancias, uno de los aportes concretos más valiosos que podían hacer los británicos era incluir a Niels Bohr en el grupo de los científicos que se había acordado enviar a Los Álamos. El problema consistía en llevarlo allí luego de haberlo sacado sano y salvo del territorio ocupado por los nazis, quienes de esta manera habrían de perder toda posibilidad de utilizar al físico danés en beneficio de los proyectos nucleares que entonces se desarrollaban en Alemania bajo la dirección de Walther Bothe, Werner Heisenberg y otros [5].

Bohr había regresado a Copenhague en 1939, luego de su fructífera estancia en Princeton, donde había trabajado con el físico estadunidense J. A. Wheeler para precisar el mecanismo de la fisión nuclear sobre la base del modelo de la gota líquida de Bohr. El artículo de ambos salió publicado en el número de septiembre de *Physical Review,* más o menos simultáneamente con el inicio de la invasión alemana a Polonia, que marcó el comienzo de la Segunda Guerra Mundial [9].

En abril de 1940, fue invadida Dinamarca, pero el científico pudo continuar con sus investigaciones sin ser molestado, y la Gestapo pareció olvidar incluso su ascendencia judía por parte de madre. Con frecuencia lo visitaban físicos alemanes en busca de ayuda para la solución de diversos problemas científicos, entre los cuales se contaban importantes cuestiones relacionadas con la fisión del uranio y la reacciones nucleares en cadena. Aparentemente Bohr se había convertido, sin saberlo, en un grave peligro potencial para los enemigos de la Alemania nazi, aun cuando él personalmente repudiaba la ideología nazifascista.

A fines del año 1942, Niels Bohr recibió un mensaje secreto firmado por James Chadwick —premio Nobel de física de 1935 por su descubrimiento del neutrón—, que lo invitaba a venir a Inglaterra para trabajar en ciertos "problemas especiales". Su respuesta fue:

> Entiendo mi deber en nuestra desesperada situación ayudar a resistir la amenaza contra la libertad de nuestras instituciones y contribuir a la protección de los científicos exiliados que buscaron refugio aquí [...] Cualquier uso inmediato de los últimos descubrimientos maravillosos de la física atómica es impracticable [12].

Poco a poco, Bohr fue dándose cuenta de que los alemanes estaban trabajando activamente en la bomba atómica, lo que, unido al incremento de la represión nazi en Dinamarca, terminó por convencerlo de que debía aceptar la proposición de Chadwick. A fines de septiembre de 1943, nuestro hombre llegó en una pequeña embarcación, con toda su familia, al puerto sueco de Landskrona. Poco después se entrevistó con el rey Gustavo de Suecia para solicitar de él que brindara refugio a los fugitivos de Dinamarca; luego, en la noche del 7 de octubre de 1943, fue recogido cerca de Estocolmo por un cazabombardero *Mosquito,* en cuyo compartimento de bombas se introdujo para trasladarse subrepticiamente a Gran Bretaña. Días más tarde, su hijo Aage había de realizar una travesía semejante.

FIGURA IV.5. *Bohr (izquierda) y Oppenheimer estuvieron entre los primeros físicos activamente opuestos a la carrera de las armas nucleares.*

El viaje de dos horas hasta las Islas Británicas pudo haber sido fatal para Bohr porque, al interrumpirse accidentalmente la comunicación con el piloto, no pudo recibir instrucciones de éste para ajustarse debidamente la máscara de oxígeno, y pronto quedó inconsciente, ya que el avión debía volar a gran altura para evitar encuentros con los cazas enemigos. Pero al no obtener respuesta de su pasajero, el piloto optó por descender y realizar el resto del viaje a baja altura, en un esfuerzo por conservarle la vida pese al enorme riesgo que ello implicaba.

Como vimos al principio, en fin de cuentas el objetivo de la operación pudo cumplirse felizmente y, algunos días después de su llegada a Gran Bretaña, Bohr se entrevistó con Churchill. Semanas más tarde arribó a Los Álamos en calidad de miembro del grupo de físicos "británicos" que, capitaneados por Chadwick, debían trabajar en el proyecto de la bomba atómica.

Cuando Niels Bohr llegó a Los Álamos en diciembre de 1943, encontró allí, trabajando en la concepción final de la bomba, a una pléyade de físicos brillantes, muchos de los cuales habían pasado por su instituto de Copenhague. J. Robert Oppenheimer, que dirigía el proyecto, le pidió que revisara todas las fases de éste y evaluara las diversas propuestas para construir la bomba. El ejercicio de sus asombrosas facultades críticas y la profundidad de sus análisis enriquecieron considerablemente las discusiones colectivas. Todos los científicos le escuchaban con gran atención y respeto, al extremo de que a Enrico Fermi le daba a veces la impresión de un sacerdote celebrando oficios religiosos. Según Oppenheimer, Bohr hizo que pareciera prometedora una empresa "que tomaba a menudo una apariencia macabra".

Pero hubo algo más: ya en aquellos tiempos, algunos científicos comenzaban a preocuparse por su participación en la creación de un arma de destrucción en masa tan terrible como la bomba atómica y querían hacer algo para que ésta no terminara por convertirse en una pavorosa espada de Damocles suspendida sobre toda la humanidad. "Fue a través de [Bohr] que comenzó lo que pudiera llamarse el movimiento político de los científicos", recordó después el físico Victor Weisskopf [8].

Luego de varias semanas de trabajo en Los Álamos y una visita a las gigantescas instalaciones de separación de uranio 235 en Oak Ridge, Bohr se radicó en Washington. Desde allí le escribió a John Anderson, que presidía el directorio de Aleaciones de Tubos:

> Cuanto más he aprendido y pensado sobre este nuevo campo de la ciencia y la tecnología, más me convenzo de que ninguna clase de medidas ordinarias [de control] será suficiente para el objeto y que no puede lograrse seguridad alguna sin un acuerdo universal basado en la confianza mutua [8].

A partir de aquel momento, el científico danés concentró su actividad en tratar de exponerles a diversos funcionarios gubernamentales, británicos y estadunidenses, sus temores con respecto a la carrera de las armas nucleares en la próxima postguerra y los pasos que, según él, debían darse para evitarla. Informado sobre este punto de vista, el presidente Franklin Roosevelt pareció acogerlo favorablemente, en principio, pero entendió que, antes de aceptarlo, había que convencer a Churchill de su justeza. Con este fin, a principios de abril de 1944, Bohr voló a Gran Bretaña en un avión militar, acompañado de su hijo Aage, y a mediados mayo se entrevistó durante media hora con el Primer Ministro. Éste no sólo rechazó de plano sus ideas en aquella ocasión ("nos regañó como si fuéramos unos niños", comentó Bohr), sino que de inmediato desconfió de él, al extremo de que posteriormente sugirió la posibilidad de que se le encarcelara, como vimos al principio.

Según el historiador Martin Sherwin, esta pertinaz "hostilidad de Churchill a las proposiciones de Bohr, y al propio Bohr, parecen estar relacionadas con la determinación del Primer Ministro de asegurarle a Gran Bretaña una posición de igualdad con los Estados Unidos en una asociación postbélica de energía atómica" [10].[3]

Descorazonado por los resultados de la entrevista con Churchill, Bohr retornó a los Estados Unidos y solicitó entrevistarse con el Presidente. En el memorándum de siete páginas que, con este motivo, elevó a la consideración de Roosevelt el 5 de junio de 1944, decía, entre otras cosas:

> A menos que [...] pueda lograrse a tiempo algún acuerdo sobre el control del uso de los nuevos materiales activos, cualquier ventaja temporal [de los Estados Unidos y Gran Bretaña], por grande que ésta sea, puede ser sobrepujada por una amenaza perpetua a la seguridad humana [...] La perspectiva aterradora de una competencia futura entre las naciones con respecto a un arma de tan formidable carácter puede evitarse solamente a través de un acuerdo universal en verdadera confianza [...] La actual situación parece ofrecer la oportunidad más favorable para una temprana iniciativa de la parte que, por fortuna, ha logrado ponerse a la cabeza en los esfuerzos por dominar poderosas fuerzas de la naturaleza que hasta aquí han estado más allá de la investigación humana [8].

El Presidente recibió a Bohr en la Casa Blanca a fines de agosto de 1944 y sostuvo con él una cordial entrevista de casi hora y media en la que dio a entender que podría hacer cambiar de opinión a Churchill. Pero no fue así, pues cuando, tras sostener una conferencia formal en Quebec, ambos gobernantes se reunieron privadamente los días 18 y 19 de septiembre, el Primer Ministro no sólo persistió en su posición negativa, sino que protestó por la intromisión del danés en tales asuntos, e incluso llegó a manifestar serias dudas sobre la lealtad de éste. Por lo visto, logró convencer a Roosevelt, pues entre los acuerdos adoptados en la reunión hay uno, sin duda redactado por el propio Churchill, que dice así:

[3] Con relación a esta idea, recuérdese el famoso discurso emblemático de la Guerra Fría, pronunciado por Churchill el 5 de marzo de 1946 en Fulton, Missouri [6].

FIGURA IV.6. *Winston Churchill, primer ministro británico durante la Segunda Guerra Mundial. En 1944 sugirió encarcelar a Bohr para evitar una posible filtración de secretos atómicos a los entonces aliados soviéticos.*

> Deberán realizarse indagaciones con respecto a las actividades del profesor Bohr y darse los pasos necesarios para garantizar que por su culpa no se filtre ninguna información, sobre todo ninguna que llegue a los rusos [9].[4]

Apesadumbrado por el rechazo de sus ideas, Bohr regresó a Los Álamos, donde continuó trabajando e hizo una importante contribución a la solución de algunos de los problemas prácticos que se presentaron en la concepción de la bomba de plutonio.

Mientras tanto, la preocupación por el control futuro del arma nuclear había calado hondo en muchos científicos vinculados al proyecto de la bomba, a tal extremo que 77 de ellos firmaron una petición de que no se lanzara o al menos se advirtiera previamente sobre su posible lanzamiento. El documento había sido redactado por Leo Szilard, quien también llegó a conseguir que el Presidente le concediera una audiencia, donde tenía el propósito de expresarle sus preocupaciones y las de muchos de sus colegas sobre el uso de la bomba.

[4] Luego de la muerte de Bohr, no ha faltado quien haya tratado de implicarlo en la transmisión de secretos atómicos a la antigua URSS. Para una refutación autorizada y convincente de esta acusación, consúltese [2].

Pero aquella reunión no pudo realizarse porque Roosevelt murió antes, el 12 de abril de 1945, y su sustituto, Harry Truman, no quiso concederle la entrevista, incluso luego de recibir una petición de Einstein al efecto. Aunque Szilard logró entrevistarse con el secretario de Estado Byrnes, éste desechó sus argumentos aduciendo que "el hecho de que poseamos y demostremos el uso de la bomba haría más manejable a Rusia" [1].

Por su parte, Truman estaba entusiasmado con el nuevo "garrote atómico" que ahora tendría en sus manos para "hacer entrar en razón" a los rusos, y estaba seguro de que los soviéticos, cuyo territorio europeo había quedado arrasado por la guerra, sin acceso a las fuentes de uranio conocidas, no podrían responder como era necesario a la amenaza atómica norteamericana. Un diálogo suyo con Oppenheimer, sostenido en la primavera de 1946, es revelador a este respecto [7]:

> —¿Cuándo podrán producir la bomba los rusos? —preguntó Truman.
> —No lo sé —dijo Oppenheimer.
> —Yo lo sé —dijo Truman.
> —¿Cuándo?
> —Nunca.

Evidentemente, el nuevo presidente de EUA no era muy sensible a las preocupaciones morales que atormentaban a Bohr, Szilard, Wigner, Franck, Seaborg, Rabinowitsch y otros científicos atómicos, como Joseph Rotblat, que renunció a su puesto en el Proyecto Manhattan. En cuanto al general Groves, jefe del proyecto atómico estadunidense, había declarado que éste se hallaba "plagado desde sus comienzos por la presencia de ciertos científicos de dudosa discreción e incierta lealtad"[7]. Estas palabras proceden de las minutas del llamado Comité Interino, presidido por el secretario de Guerra norteamericano Stimson, y fueron pronunciadas cuando no había transcurrido un mes de la capitulación de Alemania.

A mediados de junio, el mismo Comité llegó a la conclusión de que la bomba debía lanzarse sobre Japón sin aviso previo, de manera que hiciera

> ... una profunda impresión psicológica sobre tantos habitantes tan como fuera posible [para lo cual se señalaba que] el blanco

más deseable sería una planta de guerra vital que empleara un gran número de trabajadores, y estuviese rodeada de casas de trabajadores cercanas [9].

La primera explosión atómica sobre la faz de la Tierra fue de carácter experimental. La produjo una bomba de plutonio y tuvo lugar en la población de Alamogordo, situada en una zona desértica de Nuevo México, a eso de las 5:30 de la mañana del 16 de julio de 1945. Dejó un cráter de 365 metros de diámetro y 2 metros de profundidad. "Diagnóstico todavía no completo, pero los resultados parecen satisfactorios y ya exceden las expectativas", informaba el telegrama cifrado que recibió el presidente de los Estados Unidos, que en esos momentos se hallaba participando con Churchill y Stalin en la conferencia de Potsdam [13].

Relata el entonces comandante en jefe de las fuerzas armadas británicas que, al comunicársele secretamente la noticia del éxito de la explosión nuclear de Alamogordo, Churchill quedó totalmente alborozado, y le manifestó el 23 de julio que ahora "teníamos en nuestras manos algo que equilibraría la balanza con los rusos [... pues el] secreto de este explosivo y el poder de usarlo alterarían el equilibrio diplomático que andaba al garete desde la derrota de Alemania" [14].

La segunda bomba atómica que se utilizó —apodada *Little Boy*— era de uranio, y tenía un poder explosivo equivalente a 12 500 toneladas de TNT. Estalló a 1 900 pies sobre la ciudad japonesa de Hiroshima el 6 de agosto de 1945, a las 8:16 de la mañana. Había sido lanzada 43 segundos antes desde un bombardero B-29 [9].[5] Tres días después, un aparato similar lanzó sobre la ciudad de Nagasaki la bomba de plutonio *Fat Man,* que estalló a las 11:02 de la mañana [9]. Entre ambas dejaron un saldo estimado en cerca de 200 000 muertos hasta noviembre de 1945, incrementados en otros 140 000 en los cinco años siguientes [11].

Concluida la conferencia de Potsdam, el presidente de EUA retornaba a su país a bordo del crucero *Augusta* cuando, a la

[5] Como dato curioso, puede anotarse que, junto con otras nueve, la tripulación del B-29 que lanzó la bomba atómica sobre Hiroshima se había entrenado en Cuba del 6 de enero al 3 de febrero de 1945 en la realización de vuelos de bombardeo de largo alcance sobre el mar, con base en el aeródromo militar de San Antonio de los Baños [13].

FIGURA IV.7. a) *Hiroshima, 6 de agosto de 1945. Nube producida por la bomba atómica y b) vista de la ciudad destruida.*

hora del almuerzo, le entregaron una nota con la información de que el bombardero B-29, bautizado *Enola Gay*, había cumplido con pleno éxito su misión atómica sobre Hiroshima. Truman leyó la nota y, volviéndose a un grupo de marineros, exclamó: "Esto es lo más grande de la historia" [9].

Mientras tanto, el Instituto de Física Teórica de Copenhague había reanudado sus actividades normales luego del regreso a Dinamarca de su director y continuaba realizando una labor valiosa, aunque sin poder recobrar la singular preeminencia internacional de que había disfrutado antes de la guerra. Sin embargo, Bohr se mantuvo fiel a sus arraigadas ideas de siempre sobre la necesidad de fomentar la cooperación internacional en el campo de la investigación científica. En este espíritu, impulsó, a partir de 1954, la creación y el desarrollo del Consejo Europeo para las Investigaciones Nucleares (CERN), cuyas grandes instalaciones se extienden hoy sobre Suiza y Francia, y cuya sección teórica se alojó en los primeros tiempos en su instituto de Copenhague.

A su manera, Niels Bohr continuó activo en la lucha por erradicar los peligros inherentes a la carrera de armamentos para la humanidad, y por fomentar a la vez la cooperación internacional con miras a la consolidación de la paz mundial. En 1950 dirigió su famosa Carta Abierta a las Naciones Unidas, donde reproducía buena parte del memorándum que había dirigido al presidente Roosevelt en 1944, y explicaba que

> Pese a todos los esfuerzos, hasta ahora las negociaciones dentro de las Naciones Unidas no han logrado garantizar un acuerdo con relación a las medidas para eliminar los peligros del armamento atómico. La esterilidad de estas negociaciones, quizás más que cualquier otra cosa, hizo evidente que un enfoque constructivo a cuestiones tan vitales de interés común requerirían una atmósfera de mayor confianza [8].

En sus últimos años, Bohr se interesó en las posibilidades de aplicar las ideas de la física moderna a la medicina y a la biología, y, particularmente, en los procesos de la biología molecular. El último ensayo que escribió se titulaba "La luz y la vida vueltos a visitar". En su gloriosa vejez recibió numerosos honores y reconocimientos. En 1957 el Presidente de los Estados Unidos le otorgó la primera distinción Átomos para la Paz que

FIGURA IV.8. *Niels Bohr toma un breve descanso. (Foto de fines del decenio de 1950.)*

se concedió. Fue invitado de honor de diversas instituciones gubernamentales y académicas del mundo.

En la primavera de 1961 visitó varias ciudades de la Unión Soviética, en cuyas instituciones científicas fue acogido con los mayores honores, junto con su esposa Margrethe y su hijo Aage. En el curso de su visita al Instituto de Problemas Físicos de Moscú, Ígor Tamm, premio Nobel de física de 1958, le preguntó que cómo se las había arreglado para crear a su alrededor tan admirable escuela de físicos, a lo que respondió el ilustre visitante: "Muy sencillo: a nosotros, los más viejos, no nos importaba mostrarnos ante nuestros colegas jóvenes más tontos que ellos."

Bohr murió en su residencia del Instituto de Física Teórica de Copenhague el 20 de noviembre de 1962, víctima de un accidente cardiovascular, a los 77 años de edad. Había conservado hasta el final aquella frescura desprejuiciada y genial que 42 años antes había comparado Einstein con el aire de "un niño extremadamente sensible que deambula por este mundo en una especie de trance".

En todo caso, por sus contribuciones trascendentales tanto a la ciencia del átomo como a la temprana lucha que emprendió por tratar de evitar a tiempo la carrera de las armas nucleares, bien pudiera decirse que Niels Bohr fue el Gran Profeta del Átomo —sobre todo si se piensa, como Eurípides, hace 24 siglos, que el mejor profeta es el que mejor calcula.

## REFERENCIAS


[1] Alperovitz, G. (1985), "More on atomic diplomacy", *Bulletin of the Atomic Scientists,* 41(11/Dic.):35-39.

[2] Bethe, H.A., Gottfried, K. y Sagdeev, R. Z. (1995), "Did Bohr share nuclear secrets?", *Scientific American,* 272 (5/May.):64-70.

[3] Biquard, P. (1961), *Frédéric Joliot-Curie,* Pierre Seghers, París.

[4] Frisch, O. R. (1979): *De la fisión del átomo a la bomba de hidrógeno: Recuerdos de un físico nuclear,* Alianza Editorial, Madrid, 1982.

[5] Goudsmit, S. A. (1947), *Alsos,* Henry Schuman, Nueva York.

[6] Morray, J. P. (1961), *From Yalta to disarmament: Cold War debate,* Greenwood Press, Westport.

[7] Pringle, P. y Spigelman, J. (1981), *The nuclear barons,* Michael Joseph, Londres, 1982.

[8] Regato, J. del (1981), "Niels Bohr", *Int. J. Radiation Oncology Biol. Phys.,* 7(4/Abr.):509-530.

[9] Rhodes, R. (1986), *The making of the atomic bomb,* Simon & Schuster, Nueva York, 1988.

[10] Sherwin, M. J. (1986), "Niels Bohr: spurned prophet of arms control", *Bulletin of the Atomics Scientists,* 42(9/Nov.):41-45.

[11] Silberner, J. (1981), "Hiroshima & Nagasaki: Thirty six years later, the struggle continues", *Science News,* 180(31 oct.): 284-287.

[12] Stevenson, W. (1976), *A man called Intrepid: The secret war,* Harcourt, Brace and Jovanovich, Nueva York.

[13] Thomas, G. y Morgan-Witts, M. (1977), *Ruin from the air: The atomic mission to Hiroshima,* Hamish Hamilton, Londres.

[14] Yergin, D. (1977), *Shattered peace: The origins of the Cold War and the National Security State,* Penguin, Harmondsworth, 1980.

# V. Las 30 horas de Einstein en Cuba

> Muchas ciudades visitó y muchos fueron los pueblos cuyo modo de ser y cuyas costumbres conoció…
>
> HOMERO, *Odisea*

CUANDO el mundialmente famoso creador de la teoría de la relatividad puso pie en tierra cubana en la mañana del viernes 19 de diciembre de 1930, manifestó su deseo de adquirir un sombrero de verano, pues el día se anunciaba caluroso.

Ni cortos ni perezosos, los encargados de acompañar al recién llegado lo llevaron a la tienda más lujosa de la capital —"El Encanto"—, cuyos dueños tuvieron el gesto de regalar al ilustre cliente el mejor jipijapa que tenían. Sólo le pidieron que accediera a posar para un retrato en el estudio fotográfico del establecimiento. Tomada la foto, comenzó a cumplirse el plan de actividades acordado para el día con el profesor Albert Einstein, premio Nobel de física de 1921.

## POMPA Y CIRCUNSTANCIA

Lo primero fue hacer una visita de cortesía a la Secretaría de Estado, y asistir luego a un acto solemne en homenaje al sabio alemán, que tuvo lugar en los salones de la Academia de Ciencias Médicas, Físicas y Naturales de La Habana, ofrecido conjuntamente por esa institución y por la Sociedad Geográfica de Cuba. Se inició a las once de la mañana con unas palabras de bienvenida y alabanza pronunciadas por el entonces secretario de Sanidad y Beneficencia, en su condición de presidente de la Academia, palabras que Einstein agradeció brevemente "enalteciendo la labor del pueblo cubano, que vislumbraba ya como núcleo de grandes y maravillosos destinos", según versión de un cronista.

En el *Libro de Oro* de la Sociedad Geográfica, donde se le rogó dejara escritas unas líneas, expresó el distinguido visitante:

FIGURA V.1. *Einstein y su esposa Elsa en la cubierta del vapor* Belgenland, *temprano en la mañana del 19 de diciembre de 1930.*

> La primera sociedad verdaderamente universal fue la sociedad de los investigadores. Ojalá pueda la generación venidera establecer una sociedad económica y política que evite con seguridad las catástrofes [3].

¿Qué quiso decir exactamente? No lo sabemos a ciencia cierta, pero bien podemos imaginarlo, puesto que el mundo sufría entonces una tremenda crisis económica, y los desempleados se contaban por millones, incluso en los países más industrializados. "Hitler está viviendo del estómago vacío de Alemania"[5], había declarado días antes en Nueva York el propio Einstein.

En cuanto al plan de actividades acordado, éste continuó cumpliéndose rigurosamente. A la una de la tarde, y tras haber recibido, en compañía de su esposa Elsa, el homenaje de la comunidad hebrea de Cuba, el profesor y sus acompañantes asistieron a un banquete ofrecido en su honor por el presidente de la Academia en el *roof-garden* del Hotel Plaza. Concluido el convite, salieron de recorrido en automóvil, en vista de que Einstein había manifestado su deseo de "conocer lo más posible La Habana y el campo cubano en las pocas horas que su itinerario le otorgaba".

FIGURA V.2. *Albert Einstein (1879-1955). Foto tomada en La Habana el 19 de diciembre de 1930.*

FIGURA V.3. *Poco antes del mediodía del 19 de diciembre de 1930, Einstein dirige algunas palabras de saludo en el paraninfo de la Academia de Ciencias Médicas, Físicas y Naturales de La Habana, situada en la calle Cuba 460.*

FIGURA V.4. *Einstein escribe unas líneas en el* Libro de Oro *de la Sociedad Geográfica de Cuba.*

Los visitantes fueron conducidos a los exclusivos Country Club y Havana Yacht Club, y luego a la zona de Santiago de las Vegas, para que pudieran admirar "los paisajes de la campiña cubana, en todo su verdor a pesar de la época", y visitar las obras hidráulicas locales, el asilo de Mazorra para enfermos mentales, el campo de aviación Curtiss y la Escuela Técnica Industrial, inaugurada poco tiempo atrás [1]. Como era de espe-

FIGURA V.5. *Apunte-caricatura tomado del natural por Román y autografiado por Einstein.*

rar, no se incluyó en el programa una visita a la Universidad de La Habana, que, convertida en el centro más visible de la rebeldía popular contra la tiranía machadista en el poder, acababa de ser clausurada indefinidamente por decreto presidencial.

El último acto de la jornada en que participó el célebre físico fue una recepción en su honor ofrecida por la Sociedad Cubana de Ingenieros. Comenzó a las cinco de la tarde con unas palabras de su presidente, a las cuales el homenajeado respondió expresando su agradecimiento por las atenciones recibidas, que le habían permitido conocer los paisajes más pintorescos, y deseándole a la nación un porvenir venturoso.

Luego del "espléndido buffet", de rigor en estos casos, y tras estampar su firma en el libro de visitantes, cayó sobre Einstein un verdadero chaparrón de peticiones de autógrafos por parte de la concurrencia —unas 200 personas—, compuesta no sólo por ingenieros, sino también por "otros intelectuales, invitados al efecto", cuyos nombres prefirió omitir la reseña publicada en la revista de la Sociedad "por falta de espacio y por no incurrir en olvidos lamentables"[4]. Tampoco aludió a la forma poco protocolar en que terminó el acto, cuando el homenajeado, sin duda abrumado por tanto agasajo, abandonó de buenas a primeras el recinto, se introdujo precipitadamente en el automóvil que lo esperaba, y partió con sus acompañantes hacia el muelle, para subir a bordo de su barco.

FIGURA V.6. *A la salida del acto de homenaje que se le tributó en la Academia.*

### UN VIAJE MOVIDO

Einstein había declinado la invitación oficial de alojarse en el Hotel Nacional —el más lujoso de la capital, que estaba a punto de inaugurarse— pues deseaba pernoctar en el vapor *Belgenland* donde viajaba, al igual que había hecho durante los cinco días que duró la escala anterior en Nueva York, del 11 al 16 de diciembre.

En aquella ocasión, poco después del arribo del buque, subieron a bordo cincuenta reporteros y otros tantos fotógrafos con el propósito de entrevistar al profesor, quien después anotaría en su diario: "Los reporteros hicieron preguntas particularmente insustanciales a las cuales respondí con chistes baratos, que fueron recibidos con entusiasmo"[5]. Más que en ninguna parte, los cazadores de autógrafos se presentaron como una plaga implacable. Ante la imposibilidad de eludirla, Elsa se las ingenió para que contribuyera a un fin humanitario dejando correr la voz de que "el doctor se sentiría feliz" si cada solici-

FIGURA V.7. *En la mesa presidencial de la Sociedad Cubana de Ingenieros.*

tud de autógrafo se hiciese por carta acompañada, "digamos, de tres dólares para los pobres de Berlín"[5].

Además de su esposa y de una amiga de la familia, iban con el célebre científico en aquel viaje su secretaria, Helen Dukas, y el matemático austríaco Walther Mayer, quien hacía más de dos años venía colaborando estrechamente con Einstein en lo que ya entonces se había convertido para éste en una obsesión: establecer una teoría unificada del campo capaz de enlazar los fenómenos electromagnéticos con la atracción gravitatoria entre los cuerpos, pues la teoría general de la relatividad se aplicaba únicamente a la gravitación.

## BUSCANDO PRUEBAS EN EL CIELO

El profesor y sus acompañantes habían tomado el barco en el puerto belga de Amberes el 2 de diciembre para dirigirse, a través del Canal de Panamá, a la ciudad californiana de San Diego y de ahí por carretera hasta la vecina ciudad de Pasadena, a donde llegaron, invitados por el director del Instituto Tecnológico de California, Robert Millikan, premio Nobel de física de 1923 en consideración a sus importantes determinaciones experimentales, una de las cuales permitió confirmar a

FIGURA V.8. *Einstein de visita en el observatorio astronómico de Monte Wilson. A la derecha, Walther Mayer, colaborador y compañero de viaje de Einstein. (Hale Observatories, Pasadena.)*

plenitud la fórmula del efecto fotoeléctrico obtenida por Einstein en 1905. Significativamente, otro de los invitados era Albert Michelson, galardonado con el Nobel de física de 1907, cuyos experimentos sobre la propagación de la luz guardaban una estrecha vinculación con la teoría especial de la relatividad, que Einstein había formulado también en 1905, cuando tenía apenas 26 años de edad.

Para el ilustre científico, la visita a Pasadena poseía un atractivo muy especial, pues le daría la oportunidad de llegarse al cercano observatorio astronómico de Monte Wilson, de cuyas posibilidades excepcionales esperaba servirse para "realizar ciertas investigaciones que deben aportar nuevas pruebas a mi teoría general de relatividad [pues] confío en que el poderoso instrumental de Monte Wilson me permitirá obtener pruebas astrofísicas indiscutibles"[2], según le expresó al periodista de la revista cubana *Bohemia* que lo entrevistó sobre la cubierta del buque. Pero lo que hoy parece ser una prueba válida de la

FIGURA V.9. *Luego de tocar en La Habana y atravesar el Canal de Panamá, Einstein continuó viaje hasta Pasadena, donde participó en una conferencia científica organizada por el Instituto Tecnológico de California. En esta foto, tomada en Pasadena entre fines de 1930 y comienzos de 1931, aparece flanqueado por dos premios Nobel de física: A. A. Michelson (izquierda) y R. A. Millikan, presidente del Instituto.*

índole a que se refería el sabio no se obtuvo sino muchísimo después, tras pasarse cuatro años realizando delicadas mediciones radiotelescópicas de cierto objeto celeste (el pulsar binario PSR1913+16) descubierto en 1974, cuyo comportamiento se ajusta muy precisamente a las predicciones de la teoría general de la relatividad [6]. Lamentablemente, el creador de ésta no pudo disfrutar del acontecimiento, porque había fallecido veinte y tantos años antes, en 1955.

## LA OTRA REALIDAD

Faltan por reseñar las peripecias de las últimas horas de Einstein en Cuba, pues, como se recordará, lo habíamos dejado a bordo de su barco al final de la abrumadora jornada del día 19 de diciembre.

A la mañana siguiente vinieron a recogerlos a él y a sus acompañantes para pasearlos por la ciudad, el director del Observatorio Nacional y su esposa. No pudieron menos que sorprenderse cuando el distinguido visitante insistió en recorrer "los barrios más pobres, pues habiendo visitado la víspera los parques, los clubs, las residencias de la gente acomodada, tenían ahora empeño en ver todo lo contrario", según la *Revista de la*

*Sociedad Geográfica de Cuba,* donde puede leerse que se complació su deseo de penetrar "en los más miserables hogares, en los desordenados patios de los 'solares' y 'cuarterías' " y se condujo al grupo "al Mercado Único, a las tiendas más modestas de la calzada del Monte, y a los barrios típicos de la pobreza cubana, que sus moradores han bautizado con los extraños apelativos de 'Pan con Timba' y 'Llega y Pon' "[3].

Einstein se despidió de sus cicerones agradeciéndoles la amabilidad que habían tenido al complacerlo en sus raros empeños. A la una de la tarde, el *Belgenland* zarpó rumbo al Canal de Panamá, luego de haber permanecido unas treinta horas en el puerto de La Habana. Atrás quedaba la Cuba neocolonial: "Clubes lujosos al lado de una pobreza atroz, que afecta principalmente a las personas de color"[5], anotó Einstein en su diario aquel sábado 20 de diciembre de 1930.

## REFERENCIAS


[1] Anónimo (1930), "Albert Einstein, el sabio alemán que niega la prolongación al infinito de 2 líneas paralelas entre sí, fue huésped ayer de nuestra capital", *Heraldo de Cuba,* 19(354/20 dic.):1,17.

[2] ———— (1930), "Cinco minutos de charla con Einstein", *Bohemia,* 22(50/28 dic.):28.

[3] ———— (1930), "El profesor Alberto Einstein en La Habana", *Revista de la Sociedad Geográfica de Cuba,* 3(4/Oct.-Dic.): 174-176.

[4] ———— (1931), "Recepción del homenaje al sabio profesor A. Einstein", *Revista de la Sociedad Cubana de Ingenieros,* 23(1/ Ene.-Feb.):52-53.

[5] Clark, R.W. (1971), *Einstein: The life and times,* The World Publishing Co., Nueva York.

[6] Pais, A. (1982), *Subtle is the Lord...: The science and life of Albert Einstein,* Oxford University Press, Oxford.

# VI. El maestro Manuel Gran, en el recuerdo

[Su vida] fue una dedicación apasionada y severa, eficaz y sobria, a la cultura, a la ciencia y a la cátedra.
JUAN MARINELLO, *Palabras de despedida de duelo* (4.IV.1962)

EL AÑO 1923 tiene una significación especial en la historia de Cuba porque marca, en la etapa de la República mediatizada,

> ... el final de una resignación colectiva en el pantano político en que el país había llegado a convertirse para dar nacimiento a varios brotes simultáneos de rebeldía, protagonizados por distintas capas de la población. Es el año de la primera gran pelea por la Reforma Universitaria; de la constitución de la Agrupación Comunista de La Habana el mismo día en que tenía lugar otro suceso que le fue ajeno: la Protesta de los Trece; el año del Primer Congreso Nacional de Mujeres y del súbito movimiento inicial de los Veteranos y Patriotas; el año, en fin, del Primer Congreso Nacional de Estudiantes [1].

Si he tomado prestadas estas palabras del profesor Sergio Aguirre, ha sido porque no creo que pueda decirse nada más atinado y conciso a la vez, capaz de darle un marco de referencia mínimo, pero autorizado, a otro suceso que tuvo lugar el mismo año, precisamente en el contexto de la antes aludida "primera gran pelea por la Reforma Universitaria", suceso que, a mi juicio, marca también el comienzo de la primera transformación profunda de la enseñanza de la física en Cuba desde los tiempos del padre Félix Varela, a comienzos del siglo XIX.

Me refiero al acuerdo que el 8 de marzo de 1923 tomó por unanimidad el claustro de la Facultad de Letras y Ciencias de la Universidad de La Habana, de nombrar profesor auxiliar interino de la cátedra de física, con carácter honorario, al doctor en ciencias físico-matemáticas, ingeniero civil y arquitecto Manuel Francisco Gran y Gilledo [9].

En ausencia del profesor titular de la cátedra, que se hallaba con licencia, se empleó como base formal para tomar aquella decisión la recomendación de la medida por el profesor auxiliar en propiedad, quien adujo al efecto su alto aprecio por las capacidades de Gran y el hecho de que —en sus palabras— "según parece, es una persona muy grata a la Federación de Estudiantes". En realidad, la crisis se había presentado al negarse rotundamente los alumnos de la asignatura denominada física superior a recibir las clases de esta materia que debía impartir el propio profesor auxiliar, en vista de la manifiesta incapacidad de éste.

Fue así como, a los 29 años de edad, accedió a la cátedra universitaria aquél sobre cuyo singular papel en la enseñanza de la física y la cultura científica cubanas de su tiempo me propongo hacer aquí algunas reflexiones personales, al tiempo que me permito aprovechar la ocasión para invitar a hacer lo mismo a otros compañeros, sobre todo los que conocieron a Gran, y a distintos profesores vinculados a su cátedra, porque si no se hace esto —y cuanto antes, mejor— es posible que se pierda definitivamente más de un dato valioso para la historia de nuestra ciencia, nuestra pedagogía y nuestra cultura.

Creo que estas consideraciones son importantes no porque existen galardones y diplomas oficiales que llevan el nombre de Manuel F. Gran en nuestras instituciones científicas y docentes, ni porque lo llevan aulas, bibliotecas y placas conmemorativas universitarias, ni porque todavía pueden utilizarse con provecho los textos que escribió para la enseñanza media con tanto amor y cuidado, ni porque muchos de nosotros, a quienes inició en el culto al rigor del razonamiento físico y la expresión depurada, guardamos de él respetuoso recuerdo.

Pienso, en efecto, que si bien es cierto que todo lo dicho contribuye a la justificación de este homenaje, no lo es menos que la figura del viejo maestro, en sus mejores momentos, tuvo una muy salutífera y perdurable influencia en la formación de no pocos universitarios cubanos. Y éstos, más o menos conscientes de su deuda con él, incluso tornados a veces en émulos y hasta en detractores, contribuyeron considerablemente al mejoramiento de la enseñanza de la física en Cuba, cuya expresión más concreta y destacada comenzó a configurarse a comienzos del decenio de 1960.

Para entrar propiamente en materia, citaré un párrafo de la memoria de su labor docente que, como parte del informe quinquenal 1937-1942, elevó nuestro profesor al Decano de la Facultad de Ciencias. Dice así:

> Cuando iniciábamos nuestros trabajos, en el curso 1923 a 1924, nos vimos precisados a emprender la solución de tres problemas: creación de un curso de Física Superior que mereciese este nombre; organización del laboratorio para que llenase este fin de la mejor manera, y organización de un curso de manipulaciones consonantes [9].

Hay que decir que hasta aquellos momentos y aparte de lo exiguo del número de lecciones de física previsto en el plan de estudios, según el propio Gran, "rara vez se empleaba la matemática en los razonamientos, y cuando se usaba de ella, sólo se tocaba lo más elemental y de manera muy tímida", a lo cual ha de añadirse que también eran poquísimas las prácticas o manipulaciones ejecutadas por los alumnos en el laboratorio, que, por otra parte, se encontraba muy incompleto y desvencijado "con gran número de instrumentos separados en piezas, distribuidas a veces en los rincones más lejanos".

Gracias al esfuerzo del nuevo profesor, que como ayuda en su labor sólo pudo contar con la cooperación de algún estudiante, tras varios años de trabajo en los que "rara era la noche en que no se salía del laboratorio a las tres de la madrugada", se logró llevar a un nivel decoroso el estado de los laboratorios, así como el número y la calidad de las prácticas.

Hacia 1929 se había consumado en lo esencial la transformación de la enseñanza de la física superior en Cuba, de forma tal que "se desarrollaba normalmente, con cambios poco profundos exigidos por el medio y las circunstancias", según el propio Gran, quien, por supuesto, había tenido que proyectar y preparar los cursos correspondientes "sin ayuda ni consejo, pues no había a quien recurrir en las cuestiones de detalle científico". Estos cursos se mantuvieron sin grandes cambios durante más de 30 años, hasta la implantación de la Reforma Universitaria a comienzos del decenio de 1960.

UNIVERSIDAD DE LA HABANA

PROGRAMA

DE

FISICA SUPERIOR

PRIMERO Y SEGUNDO CURSO

Por M. F. GRAN

PROFESOR ENCARGADO DE ESTOS CURSOS

1925

HABANA

IMP. P. FERNANDEZ Y CA.

PI Y MARGALL 17

FIGURA VI.1. *Primer programa de Física Superior elaborado por Gran (1925).*

## ¿DE DÓNDE HABÍA SALIDO AQUEL JOVEN Y BRILLANTE MAESTRO?

Manuel Gran nació en el pueblo de El Cano, jurisdicción de Marianao, el 28 de octubre de 1893. De humilde origen, el empeoramiento de la situación económica familiar lo obligó, durante su adolescencia, a trabajar de día como obrero para ganar el pan, primero en una litografía y luego como carpintero y albañil, mientras estudiaba de noche en la Escuela de Artes y Oficios de La Habana. A la edad de 18 años, en 1912, consiguió su ingreso en la Escuela de Ingenieros y Arquitectos de la Universidad de La Habana (la única del país), donde se graduó de arquitecto en enero de 1918, y de ingeniero civil en julio del propio año. Posteriormente, en enero de 1922, se le otorgó el título de doctor en ciencias físico-matemáticas, tras defender una tesis sobre fuerzas centrales y sus aplicaciones a la mecánica celeste.

Después vino su designación como profesor auxiliar interino, en las circunstancias que ya hemos visto; pero como a aquel nombramiento no lo acompañaba derecho a retribución alguna, para librar el diario sustento Gran se vio obligado a simultanear con su labor universitaria la enseñanza de distintas asignaturas de nivel secundario en colegios privados, lo que continuó realizando hasta el año 1925, en que obtuvo, por concurso-oposición, el cargo de profesor auxiliar en propiedad, jefe del Gabinete de Física de la Escuela de Ciencias de la Universidad de La Habana, que sí era un cargo remunerado. Poco antes, en junio de 1925, había alcanzado el título de doctor en ciencias físico-químicas, con una tesis titulada *Determinación de la intensidad de la gravedad en La Habana*. En 1926, al fallecer su predecesor en el cargo de profesor titular, se celebró un nuevo concurso-oposición, como resultado del cual Gran pasó a ocupar en propiedad la plaza vacante, de la cual tomó posesión oficialmente en enero de 1927. En marzo de 1930, por Decreto Rectoral, se le designó también profesor de física superior de la Escuela de Optometría [9].

Para cubrir sus necesidades económicas, nuestro profesor continuó simultaneando su trabajo en la cátedra universitaria con el ejercicio de la docencia en la Escuela de Cadetes del Ejército, de 1925 a 1929. De nuevo en dificultades económicas durante el cierre de la Universidad bajo la tiranía machadista, de 1930 a 1933 se vio obligado a ganarse la vida vinculándose a la docencia en colegios privados, e incluso fundó uno que no prosperó.

### Autor de notables libros de texto

Pero volvamos a los tiempos iniciales de su cátedra universitaria. Según el propio profesor Gran, resolver el problema de la creación de un curso de física superior "que mereciese este nombre" fue lo más difícil de sus primeros años como docente en la Universidad. Para ello, decidió darse a la tarea de elaborar un libro de texto apropiado, a sabiendas de que debería pagar del propio peculio los gastos de su publicación, pues no hallaría patrocinador dispuesto a correr el riesgo económico de publicarlo. De esta obra se imprimieron 256 páginas y quedaron compuestas en la imprenta otras 200, que no llegaron a imprimirse. "Como no nos agradó el resultado, que nos costó las economías de varios años, no se dio al público", confiesa en su informe ya mencionado, y añade: "Hoy tenemos este curso casi terminado, en parte publicado en copias mimeografiadas, en espera de darlo a luz un día a la medida de nuestro gusto."

Lamentablemente, ese día nunca llegó. En cambio, Gran dedicó un esfuerzo enorme —que sí culminó felizmente— a la preparación de dos gruesos tomos, con unas 800 páginas cada uno, de sus conocidos *Elementos de física general y experimental*, el primero de los cuales apareció por primera vez en 1939, y el segundo, en 1940. En ellos se propuso, según sus propias palabras,

> ... plantear las cuestiones de manera que el alumno no se vea precisado a borrarlas mañana, para sustituirlas por las verdaderas que el [autor] suplantó por otras elaboradas a placer en su imaginación [,] [3]

como solía suceder por aquel entonces en los textos de física para la enseñanza secundaria. El resultado fue un manual excelente que, en su tiempo y a su nivel, marcó un auténtico hito en lo referente a rigor, claridad y elegancia en la exposición no solamente en Cuba, sino en lengua española y posiblemente también en otros idiomas. Esto explica las numerosas reimpresiones de que fue objeto durante muchos años.

Gran aprovechó la amplia experiencia que había acumulado en su juventud como maestro de matemática y física de los niveles primario y secundario para publicar varios manuales sobre dichas materias, que figuraban entre las preferidas por los editores de entonces en vista de sus buenas perspectivas comerciales. Así, aparte de los dos pequeños volúmenes sobre manipulaciones de física que publicó para la enseñanza universitaria, también vieron la luz otro sobre el mismo tema, pero destinado a la enseñanza media, un folleto dedicado a la enseñanza del dibujo geométrico, una aritmética práctica, y, en los años cincuenta, una obra excelente en su género, titulada *La aritmética en la vida*, en dos tomos, escrita por encargo de un editor importante, que sin embargo, no alcanzó el éxito comercial esperado.

En 1944 publicó Gran, con la colaboración de tres coautores, unas *Lecciones para el ingreso en la segunda enseñanza*, que describía en el prólogo como

> ... un resumen en corto espacio de casi todos los conocimientos que se dan o deben darse en la primera enseñanza [... ,] necesario como contribución a un aspecto pobre, a pesar de ser trascendental, de la literatura española [...] Algunos fiscales nos acusarán de rebajamiento intelectual y de disipación inadecuada de nuestro tiempo. Pero nosotros nos sentimos orgullosos de descender a tan hermosos y floridos valles donde el aire es más denso, las raíces están muy en la tierra y la vegetación joven y fuerte verdea y florece con esplendor pleno de encanto [7].

### ¿Un lugar en las letras cubanas?

Quiero detenerme aquí un momento para expresar, contando con la benevolencia de los críticos literarios, algunas ideas sobre la prosa de Manuel Gran, tan característicamente clara, cuidada, elegante, grávida de información precisa y salpicada de chispazos evocadores o provocativos, cuya agudeza y feliz expresión les confiere a veces carácter genuinamente antológico —a mi modo de ver—, como esta observación incluida en un discurso suyo:

> Anfractuosa cuestión, señores, hablar de nosotros mismos, aun cuando en este hablar hagamos todo lo posible por mantenernos en la discreción sin par de una tangente o con la prudencia sin fin de una asíntota [11].

Pienso que la calidad de la prosa de este profesor de ciencias físicas y matemáticas constituye razón suficiente para asignarle un lugar de honor entre los escasos representantes cubanos que ha habido de la exposición científica considerada como hecho literario en sí, y que por cierto tiene bien poco que ver con el lenguaje utilizado normalmente en los trabajos científicos de nuestros días, cuya redacción exigen las normas y manuales de estilo al uso que sea organizada, clara y concisa a más no poder; lo cual, por supuesto, no tiende automáticamente a convertir las memorias científicas en obras literarias, ni mucho menos. En realidad, casi nunca llegan a constituir literatura tanto por la rigidez de los requisitos impuestos, como por la infortunada incompetencia cultural de muchísimos autores, allí donde pudiera hallarse margen suficiente para ensayar otras posibilidades.

FIGURA VI.2. *Manuel F. Gran (1893-1962).*

Quizás no se advierta a primera vista, pero por comparación con otros autores menos cuidadosos o menos dotados, suele saltar a la vista el refinamiento estilístico con que el maestro Gran agraciaba la redacción de sus textos de carácter pedagógico, incluso los de nivel elemental. "Y que no se nos venga a decir que esto no es literatura", declaraba paladinamente, a la vez que añadía a continuación:

> Sépase que nosotros la creemos de la más fina y alta, porque en ella el juego del lenguaje está siempre preso en las vías de la discreción, la serenidad y la responsabilidad, que no sigue otra clase de palabreo en que la inspiración alienta y la imaginación es libre, y puede hacerse a veces hasta sin saber gran cosa [7].

Sin soñar con establecer como norma de excelencia la calidad de la exposición de un Galileo, considerado por los tratadistas de historia de la literatura de su tierra como uno de los grandes prosistas italianos, pienso que en una futura antología literaria cubana bien pudiera incluirse, sin temor a cometer herejía, algunas de las mejores páginas de Gran sobre este o aquel asunto relativo a la ciencia, su enseñanza o su divulgación, del mismo modo que los compiladores no han sido remisos a incluir algún que otro trabajo de divulgación científica de Thomas Huxley como componente representativo y apreciado en algunas antologías de la literatura inglesa.

## Posibles fuentes de una aproximación a la enseñanza de la física

"El estilo es el hombre": he aquí una frase que no por muy manida expresa un punto de vista menos justo. Buffon, que la acuñó en pleno Siglo de las Luces, añadió: "escribir bien, es a la vez pensar bien, sentir bien y expresar bien: es tener al mismo tiempo ingenio, alma y gusto", criterio que parece aplicarse con fuerza particular a Manuel Gran, cuando recordamos que el escritor francés, aparte de hombre de letras, fue un científico notable tan conocido por su *Discurso sobre el estilo,* como por su *Sistema de la naturaleza.*

Mas, por muy propio que sea, el estilo de cada quien tiene forzosamente sus raíces en el medio y las circunstancias. En el caso de Gran, sería inútil buscar en las aulas universitarias a las que frecuentó como alumno, esa parte inseparable de su estilo que es su peculiar aproximación a los niveles superiores de la física de su tiempo, puesto que, como él mismo escribió:

> El profesor que [tuvo] en esta cátedra [de física superior], el doctor Plácido Biosca, era un hombre de cultura extraordinaria, con una extensa preparación, sobre todo en química. Sus lecciones eran agradables y colmadas de golpes de inteligencia, pero tenían más bien un carácter de vulgarizaciones. Otra cosa hubiese requerido una preparación matemática muy seria y una voluntad de hierro para imponer un método con ribetes de universitario en un medio que no estaba habituado a él, y sin la concordancia indispensable de las otras enseñanzas [9].

A propósito de estas "otras enseñanzas", escribió en su estudio sobre Varela publicado en 1945:

> Es curioso que todavía hoy, y como derivación y residuo de la escuela española de un siglo atrás, se persista en la enseñanza de los párvulos a base de razonamientos descabalados. En Varela, que repugna y recusa el método, la recaída frecuente es muy justificable, porque los mejores maestros en que se inspiró se perdían de igual modo en la misma ilusión; en los hombres de hoy, que se envenenan en Argenta, en Escriche y otros tantos, en una mala prosa que parece verso al que no sabe establecer distinciones, es incomprensible e imperdonable. En esto de las demostraciones, la física fundamental de la escuela ha sido y es un muestrario de calamidades lógicas, una exposición de ejemplos de tolerancia científica imperdonable, y un factor de atraso y confusión en el pensamiento científico [5:12].

En el discurso de apertura del curso académico 1954-1955, que leyó en el Aula Magna de la Universidad de La Habana, dejó Gran testimonio de su reconocimiento al doctor Alfredo Rodríguez Morejón, su profesor de matemáticas en la Escuela de Artes y Oficios, cuyas vívidas lecciones se resumían

> ... en un lenguaje a la vez preciso, comunicativo, pulcro y cargado de emoción que trasminaba una fe sin quiebras en la trascendencia de sus matemáticas; en su gesto dignísimo, firme y sin caídas; en su diáfana claridad en los detalles; en su habilísima manera de acondicionar aquellas lecciones para que todos los alumnos participaran en ellas y, sobre todo, en sus múltiples paréntesis sobre tópicos de todos los tipos, dados con suma dignidad. Bien se ve como es posible educar insuperablemente desde una clase de geometría... [6].

Como quiera que quien redactó tan elocuente y halagador párrafo sobre su antiguo profesor de matemáticas prefirió pasar por alto cualquier referencia a la enseñanza de la física de nivel medio, este hecho resulta igualmente elocuente y por lo visto implica una valoración de signo opuesto.

De lo que va dicho sobre la precaria situación económica del joven Manuel Gran, se infiere que la temprana atracción por la física que sin duda experimentó hacia el año 1920, sólo pudo disponer de una vía para desarrollarse en el país pequeño y pobre, recién salido del coloniaje y entrado en la etapa neocolonial que era la Cuba de entonces. Y la vía no fue otra que el estudio ahincado, profundo y crítico de los mejores textos de física de su tiempo de que pudo disponer. Por eso no es de extrañar que, con los años, los libros de física, matemática y otros de carácter científico y técnico adquiridos por él llegaran a integrar una biblioteca personal que probablemente fue la mayor de su tipo en el país.

Puesto que aquella biblioteca —si no toda, al menos en su mayor parte— ha encontrado aquí, en los predios del Instituto Superior Politécnico Julio Antonio Mella, la amorosa acogida que merece, y su apertura oficial al público estudioso se ha asociado a esa laudable iniciativa que es la constitución de la Cátedra de Física Manuel F. Gran, supongo que no esté fuera de lugar que me detenga a decir unas palabras a propósito de las fuentes documentales donde nuestro robinsón de la física adquirió lo fundamental de sus conocimientos y —contando con la indulgencia de ustedes— añadir algunas consideraciones con respecto a los posibles autores que ejercieron la mayor influencia sobre su modo peculiar e inolvidable de explicar la física.

En aquella selva de volúmenes vetustos y polvorientos, no pocas veces trabajados a fondo por el uso, el moho y la polilla, pude hallar joyas bibliográficas de valor inestimable, algunas de ellas únicas en el país, a no dudarlo. Las menos, escritas en español —por razones evidentes—, y las más, en inglés, francés, alemán e italiano; sobre todo en francés cuando se trataba de obras publicadas con anterioridad a la segunda Guerra Mundial, porque después se hizo patente el predominio de las obras en idioma inglés.

De las obras científicas de autores de habla hispana, sólo le oí ponderar una vez a mi maestro, allá por los años cincuenta, las excelencias del ya entonces completamente olvidado *Curso de física matemática*, compuesto por las lecciones que entre 1905 y 1915 había dictado el controvertidísimo premio Nobel de literatura, don José Echegaray, en la Facultad de Ciencias de la Universidad Central de Madrid. El raro elogio me intrigó durante muchos años, y por ello no perdí tiempo en echarles una ojeada a los cinco gruesos volúmenes en que se hallaba encuadernado el curso de Echegaray, cuando logré descubrirlos entre la multitud de libros a que me vengo refiriendo. A juzgar por las marcas y anotaciones al margen, intuyo que la brillantez y la desenvoltura de las explicaciones y comentarios del

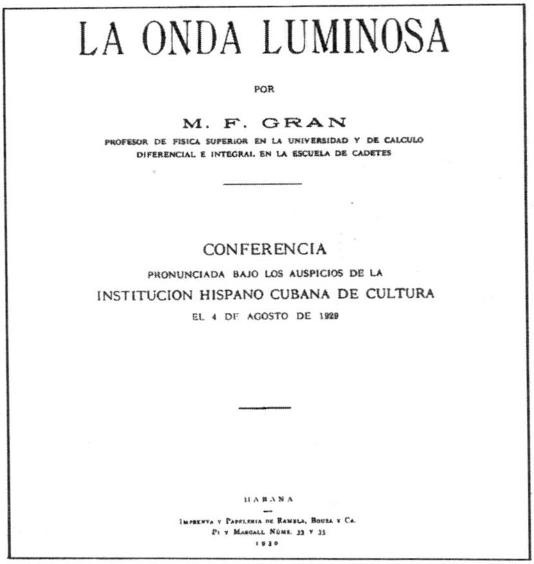

LA ONDA LUMINOSA

POR

M. F. GRAN

PROFESOR DE FISICA SUPERIOR EN LA UNIVERSIDAD Y DE CALCULO DIFERENCIAL E INTEGRAL EN LA ESCUELA DE CADETES

CONFERENCIA

PRONUNCIADA BAJO LOS AUSPICIOS DE LA

INSTITUCION HISPANO CUBANA DE CULTURA

EL 4 DE AGOSTO DE 1929

HABANA

Imprenta y Papelería de Rambla, Bouza y Ca.

Pi y Margall Núms. 33 y 35

1930

FIGURA VI.3. *"La onda luminosa", conferencia pronunciada por Gran en la Institución Hispanocubana de Cultura (1929).*

autor debieron de haber influido considerablemente en Gran, que era alérgico a las exposiciones científicas escasas de elaboración crítica, al extremo de calificar de "telegráfico" el texto de física teórica del estadunidense Leigh Page, sin duda una obra excelente para la época, desde otro punto de vista.

No diré que intentaban calumniar a nuestro profesor aquellos de mis condiscípulos que se quejaban de que explicaba en voz demasiado baja, o los que optaban por abstenerse de participar en la clase a la hora de las preguntas por temor a verse alanceados desde el estrado. En todo caso, me parecían compensación más que suficiente de tales defectos las observaciones y comentarios colaterales de la más variada índole que él solía hacer en el aula. Alguna vez mostró su entusiasmo por las transparencias de nuestro gran pintor, Carlos Enríquez (que por aquel entonces acababa de hacerle un retrato excelente, como supe años después). En otra oportunidad se dio a comentar la dificultad de traducir al español cierto vocablo alemán; y como, andando el tiempo, me topé con idéntico comentario en una página de Ortega y Gasset, me asaltó la duda sobre el monto de la deuda cultural y retórica de Gran con el célebre ensayista español.

Hoy pienso que fue considerable la influencia orteguiana sobre nuestro catedrático, como lo fue sobre tantos otros intelectuales hispanohablantes de aquel tiempo. Eso es algo que me parece advertir claramente en ciertos pasajes suyos como, por ejemplo, en las palabras introductorias de la conferencia titulada *La onda luminosa,* que dictó en la Institución Hispanocubana de Cultura el 4 de agosto de 1929. He aquí unas líneas de muestra:

> ... de las ciencias, ésta [la física], que vive de contactos materiales, de íntima y entera saturación de materialidad, que palpa el Universo con los tentáculos de la mente y deja correr por el caz de los fenómenos la intervención de la matemática que enlaza y concreta, y guarda del enlace la forma estricta, concentrada y fecunda en predicciones. Ésta, que es expresión de la naturaleza, inanimada tal vez, pero con vida, sostén de toda posible filosofía que es como la animación fecunda de esta vida fatal y desesperadamente matemática; ésta que ansía penetrar en la esencia de los agentes naturales, para convertirlos en una función general de cuya discusión lógica resulte una discriminación en que cada elemento diferenciado sea una realidad objetiva, o, al menos un esquema tangente a esa realidad [2].

Me inclino a pensar que estas palabras habría podido escribirlas tal cual el propio Ortega, de haber meditado tanto sobre el meollo de las ciencias físicas como lo había hecho a sus 35 años de edad, aquel conferenciante que se esforzaba en develar los secretos de la ciencia de la luz ante un auditorio apegado a las bellas formas literarias, pero de "ojos ciegos para el álgebra" —para decirlo a la manera de nuestro Nicolás Guillén.

Por otra parte, considero que la pasión por el rigor y la claridad cartesiana en la exposición le vino a mi maestro por vía de los mejores autores franceses de la época. Y tengo la impresión, además, de que uno de ellos en particular —Henri Bouasse— lo alentó con su ejemplo más que ningún otro,[1] no sólo a

[1] Lo que no significa que esta influencia fuese absoluta, ni mucho menos. Así, por ejemplo, mientras Bouasse declaraba paladinamente "no comprender nada de la teoría de Einstein", Gran abordaba el tema en sus *Elementos de física,* donde justificaba su

rechazar las malas interpretaciones consagradas por el uso y la reiteración, sino a fustigarlas implacablemente en el aula y en la página impresa, como puede verse, pongamos por caso, en las notas sobre la clasificación de los movimientos periódicos insertadas al final del primer tomo de sus *Elementos de física*, donde comenta:

> En algunos autores españoles se encuentran clasificaciones [...] que parecen tener origen en Lozano y se acentúan en Escriche, que es autor muy aficionado a definiciones, clasificaciones y divisiones, muchas de las cuales parece inventar él mismo.
>
> Con menos insistencia se encuentran en Alcobé. Escriche plantea primero la cuestión de manera confusa [...] Más adelante vuelve sobre el tema en detalle [...] y define el movimiento oscilatorio como un movimiento periódico que no es muy rápido, sino que se puede seguir con la vista. Limita después esta definición diciendo que el movimiento oscilatorio es el producido por la gravedad y por la inercia.
>
> Entre nosotros ha prendido esta clasificación [...] Hay quien divide los movimientos periódicos en *circulares* y *oscilatorios* y define los oscilatorios como se ha dicho arriba, siendo así que existen infinitos tipos de movimientos periódicos que no son circulares ni los oscilatorios definidos.
>
> Otro autor dice que el movimiento periódico se divide en estos dos *más principalmente* (textual).
>
> No puede ocultarse que todo esto es peregrino [3].

Quizá la mayoría de los aquí presentes no pueda comprenderlo, pero puedo asegurar que tales conceptos y palabras nos estimularon a algunos alumnos de bachillerato a pensar con cabeza propia y nos reafirmaron en el rechazo —que ya habíamos comenzado a desarrollar por nuestra cuenta— hacia la enseñanza escolástica y sacralizada de la física que en aquellos tiempos era dominante en los centros de educación media de nuestro país.

inclusión con las siguientes palabras: "Damos aquí esta demostración [de la transformación de Lorentz] a solicitud de numerosas personas estudiosas que se lamentan de no comprenderla en otros autores: el razonamiento es riguroso y simple y nos alienta el deseo de ayudarlas a salir de esta situación enojosa en que se razona sobre fórmulas cuya validez inquieta" [4].

Gran solía comenzar sus primeras lecciones de física superior lanzando a voleo a los alumnos de primer año alguna pregunta, supuestamente inocente. Por ejemplo: ¿Qué se entiende por velocidad de un punto?

Pregunta de tan simple apariencia no podía sino provocar de inmediato que la mayoría de los novatos se ofreciera para responderla. Unos respondían que la velocidad era el espacio por unidad de tiempo, otros, más versados en matemática, afirmaban que en realidad era la derivada del espacio con respecto al tiempo, etcétera. En fin de cuentas, el maestro había logrado que todos cayeran en la sutil trampa pedagógica que les había tendido, y ello le daba pie para explicar, ante la perplejidad general, que nada de lo dicho era verdaderamente correcto, pues la velocidad de un punto en un instante dado no era espacio, ni espacio por unidad de tiempo, ni siquiera la derivada del espacio con respecto al tiempo, sino un ente distinto de todo eso: *una magnitud que se mide por* la derivada del espacio recorrido con respecto al tiempo empleado en recorrerlo.

Algo parecido ocurría cuando desde el estrado se demandaba del auditorio que dijese lo que entendía por "materia". Recuerdo, por cierto, que luego de haber repetido algún novato una de las definiciones usuales, de esas que solían memorizarse durante los estudios de bachillerato de entonces, otro alumno que estaba repitiendo la asignatura, pidió la palabra y declaró solemnemente:

—Yo, doctor, creo que todo intento de definir la materia es una nueva excursión perdida al campo de la metafísica.

Tan inesperada respuesta movió a risa al propio Gran, pues ha de saberse que, sin duda con toda intención, el alumno bromista se había limitado a repetir al pie de la letra cierta aseveración de inocultable matiz positivista con que comenzaba la parte del *Curso de física superior* impresa años atrás por nuestro catedrático, texto cuya publicación había interrumpido él mismo al no quedarle a su gusto, como ya se ha dicho.

No hace falta añadir otros ejemplos para que se comprenda por qué, cuando comencé mis estudios en la Universidad de La Habana, hacía ya rato que los alumnos venían diciendo que el viejo maestro era "el Iconoclasta de las Definiciones".

Por cierto, una caracterización particularmente provocativa, si se tiene en cuenta que eran pocos los profesores de bachillerato de entonces que se resignaban a explicar la física sin buscarle absolutamente a todo, una definición apta para que los alumnos pudieran memorizarla con puntos y comas. "Mire usted qué problema se busca uno si se empeña en definir el viaje de un tranvía desde la Universidad hasta el Muelle de Luz", ironizaba nuestro profesor.

Otros autores se limitaban a describir en sus libros, con prolijidad más o menos enciclopédica, determinados procedimientos y aparatos, pero Gran ponía un énfasis particular en comunicar a las explicaciones de sus textos elementales la impresión de cosa vivida y viviente, como se colige, pongamos por caso, de la descripción que hace del aparato de Berthellot para la determinación del calor de vaporización de un líquido, cuando anota:

> Lo ingenioso del aparato está en que el tubo *H* está calentado por el mismo líquido y los vapores no se condensan en él, lo cual es muy importante para la precisión de la experiencia, que, a juzgar por nuestros resultados, es bien pobre [3].

O cuando acota en el segundo tomo de sus *Elementos de física*, a propósito de distintos modelos de bobina de inducción que describe:

> La eficacia de estos aparatos depende mucho de su construcción. Así, por ejemplo, en el Laboratorio de Física de la Universidad existe uno [construido en dicho laboratorio] que rivaliza con todos los que hemos visto hasta ahora de dimensiones y coste semejantes [4].

Creo recordar muy bien que Gran inició su primera clase sobre los fundamentos de la dinámica newtoniana procediendo al abordaje del principio de inercia en respuesta a esta pregunta: ¿Qué le pasa a un punto material al cual no le pasa nada?

Elegante procedimiento, sin duda, pero no dejaba de ser fundamentalmente una cuestión de forma. Lo que sí me mortificó bastante fue oírle decir, poco después, que el gran Newton, con todo su genio, jamás llegó a entender lo que quería

FIGURA VI.4. *Retrato del profesor Gran, por Carlos Enríquez (1947).*

decir verdaderamente su segunda ley de la dinámica. Al principio, aquello me pareció sólo una ocurrencia concebida expresamente para dejar al aula con la boca abierta; pero reflexiones posteriores terminaron por acostumbrarme a la idea de que posiblemente mi maestro tenía razón en lo que decía, incluso si dudaba —como todavía dudo— de que el propio crítico hubiese dado con la clave del asunto.

Dudas sobre el significado y la coherencia de los postulados en que se basa gran parte de las ciencias físicas y técnicas nunca he dejado de tenerlas desde entonces, aun si de dichos postulados se infieren resultados notables y hasta espectaculares. Dudas que, por otra parte, me han estimulado más de una vez a emprender algunas modestísimas pesquisas encaminadas a aclararlas, de manera que en modo alguno me atrevería a calificarlas de estériles, independientemente de lo que puedan opinar otros. Lo curioso es que cada vez me convenzo más de que las dubitaciones que inquietaban a mi maestro eran fundadas: para comprobarlo, basta remitirse a la literatura especializada, donde se verá cuán difícil suele ser que se pongan de acuerdo los autores cuando se ocupan de las mismas cuestiones de fondo.

Cierta vez, Gran me confesó su pesar porque algunos de sus alumnos —la mayoría quizás— se quejaban de que daba "demasiada filosofía" en sus clases. A decir verdad, a mí me habría gustado que hubiera dado más, en lo que seguramente coincidía con el criterio del físico teórico Leopold Infeld, que afirma en un encantador libro suyo, titulado *Quest*:

> Todo físico es también filósofo, aunque es posible ser buen experimentador y mal filósofo. Pero si uno toma la física en serio, difícilmente podrá evitar entrar en contacto con las cuestiones filosóficas fundamentales [8].

Se comprende que este párrafo aparezca marcado por Gran en el ejemplar que le obsequié en 1956. Quiso el azar que, pasados los años, aquel libro retornase a mis manos, enriquecido con las señales utilizadas por mi antiguo maestro para poner de relieve las líneas del texto que más le interesaron, entre las cuales se encontraban las que hacia 1942 había escrito el autor a propósito de su colaboración con Einstein:

> ... usted puede admirar a alguien y considerarlo el más grande científico del mundo, pero usted debe confiar más aún en su propio cerebro. La creación científica se esterilizaría si los resultados se aceptaran autoritaria o dogmáticamente.

### ANOTACIONES AL MARGEN

El sinnúmero de marcas y acotaciones que dejó Gran en los márgenes de las páginas de los libros que le pertenecieron, dan algunas pistas sobre las fuentes de sus conocimientos especializados y de buena parte de su amplia cultura científica y humanística; sobre los modelos que fueron afines a su estilo literario propio, a su sensibilidad artística y humana, a su ética personal; en fin, sobre sus criterios relativos a la originalidad y el rigor de la exposición pedagógica.

Por ejemplo, al margen del texto de cierto manual de física para estudiantes preuniversitarios —de excelente factura, en general—, vemos que realiza cálculos de comprobación de no pocos problemas propuestos a los alumnos; que indica las obras de donde el autor tomó, sin decirlo, este o aquel problema; y que anota observaciones de este jaez: "¿A qué viene esto aquí?", "¿Qué es posición de un cuerpo?" (acompañada del correspondiente croquis), "¡Ojo-falso!", etcétera. Al margen de una página de la *Historia de la ciencia* de Singer, donde se hace referencia a la hipótesis científica concebida como generalización extraída de una serie de observaciones, escribe Gran: "y así la gravedad alcanza la categoría de gravitación", mientras que en otra página subraya el siguiente pensamiento, a propósito de la actitud de los humanistas:

> Y de nuevo se velaba la visión, obnubilada por esa temible erudición que, cuando faltan las ideas generales, es uno de los peores enemigos de la ciencia [10].

Antes me he referido a algunos de los pensamientos del pequeño libro autobiográfico de Infeld que atrajeron la atención de mi otrora profesor de física. Aquí me limitaré a llamar la atención sobre dos más, los cuales —creo— tienen un interés especial en nuestro caso. El primero consiste en la aseveración del autor en el sentido de que su contacto personal con Einstein le dio oportunidad de confirmar "el viejo lugar común de que la bondad humana y la grandeza real van invariablemente juntas". En cuanto al segundo, dicen así las muy bien marcadas líneas que lo destacan:

> Ser decente en el pequeño campo en el que se permite a uno actuar significa mucho y —créame— es bastante inusual entre los profesores universitarios [8].

Espero que no se me tilde de exagerado y suspicaz si conjeturo que esta última reflexión pudo muy bien recordarle al viejo maestro el origen del homenaje que en marzo de 1943 le tributó un gran número de alumnos y personalidades de la educación y la cultura cubanas, a modo de desagravio por no haber respaldado la Facultad de Ciencias la proclamación espontánea de su candidatura al rectorado de la Universidad de La Habana, que otras cuatro facultades habían apoyado en vista de los "méritos académicos, de la entereza de carácter y de las virtudes del doctor Gran" [11].

Precisamente por el respeto y la consideración generales que inspiraba su imagen, en una coyuntura política especial

HOMENAJE

AL

DR. MANUEL F. GRAN

DISCURSOS PRONUNCIADOS Y ADHESIONES RECIBIDAS EN EL ACTO EFECTUADO EN EL ROOF GARDEN DEL HOTEL PLAZA EL DIA 18 DE MARZO DE 1943.

MOLINA Y CIA.
MURALLA 318 Y 316
HABANA

FIGURA VI.5. *Folleto que recoge discursos pronunciados y adhesiones recibidas en el acto de homenaje al profesor Gran, efectuado en 1943.*

que se produjo en 1948, fue propuesto —un tanto simbólicamente— como candidato a senador por un partido político muy heterogéneo, pero también muy popular, cuya consigna era "¡Vergüenza contra dinero!" En aquella ocasión, él, que para ganarse el pan había tenido que trabajar en su adolescencia como obrero y dar clases de primaria y secundaria durante años simultáneamente con el ejercicio de la cátedra universitaria, que vivía modestamente en su casa de la barriada habanera de Santos Suárez, declaró:

> Tengo todo lo que he querido tener en la vida y no quiero más, como no sea ver a mi país un poco encauzado siquiera, y publicar una serie de libros en que estoy trabajando.

Cierto es que el pueblo cubano había de soportar aún muy duras pruebas antes de encontrar cauce apropiado para su desenvolvimiento, sobre todo después del la implantación, en marzo de 1952, de la sangrienta tiranía batistiana, que por supuesto, siempre rechazó Gran.

Hombre de posición liberal-progresista, aunque no radical, cuando volvieron a abrirse las puertas de la Universidad de La Habana luego del triunfo de la Revolución, alcanzado en enero de 1959, por primera vez en muchos años no pudo contarse con la presencia familiar y respetada del viejo maestro para hacerse cargo de los cursos de física superior, porque el Gobierno Revolucionario lo había nombrado su primer embajador en Francia. Que yo sepa, fue éste el único cargo público que desempeñó en su vida. Pero ya no volvió al aula, porque terminada su misión en el extranjero, se acogió a la jubilación y tres meses después, el 3 de abril de 1962, falleció en su casa de Santos Suárez a consecuencia de un edema pulmonar.

## Consideraciones finales

En algún momento, a lo largo de 30 años, cientos de futuros graduados universitarios tuvimos el privilegio de ser alumnos del profesor Manuel Gran, quien logró transmitir a más de uno su gusto por la finura en el detalle y el rigor y la elegancia en la exposición. También su vida digna y austera, dedicada por completo al trabajo y al estudio, ofrecía un saludable contraste con el penoso espectáculo de la búsqueda obsesiva de la prosperidad personal a costa de valores humanos más elevados, que prevalecía en la Cuba neocolonial.

¿Cómo he de resumir en definitiva lo más importante de cuanto pienso y siento en relación con aquel inolvidable profesor de física? Para lograr la síntesis que requiero no será necesario mucho esfuerzo de mi parte, porque bastará que se me permita leer apenas dos fragmentos del ya mencionado trabajo de Gran sobre Félix Varela [5] con la licencia de poner en lugar del nombre del insigne presbítero, el del autor del trabajo e introducir algún pequeño cambio adicional, que estimo conducirá a la expresión de una valoración justa y elocuente de aquél a quien hoy rendimos homenaje dándole su nombre a una cátedra de proyección nacional en esta casa de estudios.

Finalizo, pues, con el resultado de mi intencionado trastrueque:

Puede decirse que [Gran] era un hombre de mucho saber. No del saber que acumula como cualquier enciclopedia, sino del saber que contiene los datos medulares y se arraiga en un talento que en cada momento lo relaciona y aplica con justeza. Que no hay en [Gran] nueva ciencia, es posible. Pero no siempre es el saber el que más crea, ni es la creación en todo caso proporcional al saber [...] En cambio, a la hora de enjuiciar a un hombre, son sus actos y las circunstancias de su momento vital los que nos permiten aquilatar su valor real, que mucho indica, y su valor en potencia, que indica mucho más [...] Si nosotros tuviésemos que darle un título [a Manuel Francisco Gran y Gilledo], no le diríamos ni físico, ni matemático, ni filósofo, sino que con la reverencia espiritual más sentida, y el más vibrante de nuestros tonos, le diríamos simple y llanamente: Maestro.

## REFERENCIAS


[1] González Carbajal, L. (1974), *El ala izquierda estudiantil y su época*, Ed. Ciencias Sociales, La Habana.

[2] Gran, M. F. (1929), *La onda luminosa*, Rambla, Bouza y Cía., La Habana.

[3] ——— (1939), *Elementos de física general y experimental, 1 (Mecánica, Calor, Movimiento vibratorio, Acústica)*, 6ª ed., Ed. Minerva, La Habana, 1957.

[4] ——— (1940), *Elementos de física general y experimental, 2 (Óptica, Electricidad, Física atómica)*, 5ª ed., Ed. Minerva, La Habana, 1957.

[5] ——— (1945), "Félix Varela y la ciencia", en *Vida y pensamiento de Félix Varela, 3 / Cuadernos de Historia Habanera nº* 27:7-28. La Habana.

[6] ——— (1954), *Enseñar y educar / Discurso de apertura del curso académico 1954-1955*, Imprenta Universitaria, La Habana.

[7] Gran, M. F., Lazo, R., Castellanos, I. y Marrero, L. (1945), *Lecciones para el ingreso en la Segunda Enseñanza*, Ed. Minerva, La Habana.

[8] Infeld, L. (1942), *Quest*, Readers Union / V. Gollancz, Londres.

[9] LeRoy y Gálvez, L. F. (1979), "Manuel Francisco Gran y Gilledo", en *Profesores de física de la Universidad de La Habana desde su secularización en 1842 hasta Manuel F. Gran*: 24-33, Ed. Academia, La Habana.

[10] Singer, C. (1945), *Historia de la ciencia*, Fondo de Cultura Económica, México.

[11] Varios (1943), *Homenaje al Dr. Manuel F. Gran*, Molina y Cía., La Habana.

# ÍNDICE

Este libro se terminó de imprimir y encuadernar en el mes de octubre de 2002 en los talleres de Impresora y Encuadernadora Progreso, S.A. (IEPSA), calzada de San Lorenzo 244, 09830 México, D.F.

*Se tiraron 10 000 ejemplares*

Formación: *Ernesto Ramírez*
del Taller de Composición Electrónica
del Fondo de Cultura Económica

Corrección: *El autor*
*y Marco A. Pulido*

Fotomecánica y preprensa:
*Fotolito Marjan*

**La Ciencia para Todos**
es una colección coordinada editorialmente
por *Marco Antonio Pulido*
y *María del Carmen Farías*

# Otros títulos de física en La Ciencia para Todos

| *Número* | *Autor(es)* | *Título* |
|---|---|---|
| 003 | Guillermo Aguilar Sahagún, Salvador Cruz Jiménez y Jorge Flores Valdés | *Una ojeada a la materia* |
| 005 | Leopoldo García-Colín S. | *De la máquina de vapor al cero absoluto* |
| 007 | Fermín Viniegra Heberlein | *Una mecánica sin talachas* |
| 008 | Jorge Rickards Campbell | *Las radiaciones I. Reto y realidades* |
| 011 | Jorge Flores Valdés | *La gran ilusión I. El monopolomagnético* |
| 013 | Eliezer Braun | *Un movimiento en zigzag* |
| 016 | Luis Felipe del Castillo | *El fenómeno mágico de la ósmosis* |
| 019 | Eliezer Braun | *Una faceta desconocida de Einstein* |
| 022 | Jorge Flores Valdés | *La gran ilusión II. Los cuarks* |
| 023 | Fernando Alba Andrade | *El desarrollo de la tecnología: La aportación de la física* |
| 026 | Eliezer Braun | *Arquitectura de sólidos y líquidos* |
| 027 | Carlos Ruiz Mejía | *Trampas de luz* |
| 029 | Carlos Rangel Nafaile | *Los materiales de la civilización* |

| *Número* | *Autor(es)* | *Título* |
|---|---|---|
| 031 | Luis de la Peña | *Albert Einstein: navegante solitario* |
| 032 | Ana María Cetto | *La luz: en la naturaleza y en el laboratorio* |
| 036 | Leopoldo García-Colín S. | *Y sin embargo se mueven... Teoría cinética de la materia* |
| 037 | María Cristina Piña Barba | *La física en la medicina* |
| 041 | Jorge Flores Valdés | *La gran ilusión III. Las ondas gravitacionales* |
| 042 | Silvia Bulbulian | *La radiactividad* |
| 044 | Eduardo Piña Garza | *Cacería de cargas* |
| 056 | Julia Tagüeña y Esteban Martina | *De la brújula al espín: el magnetismo* |
| 061 | María Ester Brandan | *Armas y explosiones nucleares. La humanidad en peligro* |
| 064 | Luis Fernando Magaña S. | *Los superconductores* |
| 068 | Arturo Menchaca Rocha | *El discreto encanto de las partículas elementales* |
| 069 | Guillermo Aguilar Sahagún | *El hombre y los materiales* |
| 078 | Shahen Hacyan | *Relatividad para principiantes* |
| 084 | Daniel Malacara | *Óptica tradicional y moderna* |
| 094 | Jorge Rickards Campbell y Ricardo Cameras Ross | *Las radiaciones II. El manejo seguro de las radiaciones nucleares* |

| *Número* | *Autor(es)* | *Título* |
|---|---|---|
| 099 | María Ester Brandan, Rodolfo Díaz Perches y Patricia Ostrosky | *La radiación al servicio de la vida* |
| 102 | Manuel Guerrero | *El agua* |
| 103 | Antonio Sarmiento | *El fantasma cuyo andar deja huella: la evolución del tiempo* |
| 104 | Leopoldo García-Colín S. y Rosario Rodríguez Z. | *Líquidos exóticos* |
| 105 | Vicente Aboites | *El láser* |
| 106 | Julio Martinell Benito | *Los prometeos modernos o el esfuerzo para controlar la fusión nuclear* |
| 107 | Virgilio Beltrán | *Para atrapar un fotón* |
| 108 | Javier A. Otaola y José Francisco Valdés | *Los rayos cósmicos: mensajeros de las estrellas* |
| 110 | Jorge Flores Valdés y Arturo Menchaca Rocha | *La gran ilusión IV: la fusión fría* |
| 111 | Francisco Mejía Lira y José Luis Morán | *El encanto de las superficies* |
| 112 | Eliezer Braun | *Electromagnetismo: de la ciencia a la tecnología* |
| 115 | Ramón Peralta-Fabi | *Fluidos: apellido de líquidos y gases* |
| 117 | Roberto Jiménez | *Schrödinger: Creador de la mecánica ondulatoria* |
| 119 | Juan Tonda | *El oro solar y otras fuentes de energía* |

| *Número* | *Autor(es)* | *Título* |
| --- | --- | --- |
| 120 | Pedro Bosch, Silvia Bulbulian, Marisela Fernández *et al.* | *Pioneros de las ciencias nucleares* |
| 128 | Pedro Ripa | *La increíble historia de la malentendida fuerza de Coriolis* |
| 129 | Shahen Hacyan | *Del mundo cuántico al Universo en expansión* |
| 131 | Laura Talavera y Mario Farías | *El vacío y sus aplicaciones* |
| 134 | Antonio Sarmiento | *Los disfraces del fantasma que nos horada: el concepto de tiempo en las ciencias y la tecnología* |
| 135 | Vicente Aboites | *Fusión nuclear vía láser* |
| 136 | Gerardo Carmona, Patricia Goldstein *et al.* | *Michael Faraday, un genio de la física* |
| 137 | Tessy López y Ana Martínez | *El mundo mágico del vidrio* |
| 142 | Isaac Schifter | *La ciencia del caos* |
| 147 | Vicente Talanquer | *Fractus, fracta, fractalis* |
| 149 | Federico Kulmann y Antonio Alonso | *Información y telecomunicaciones* |
| 150 | Eliezer Braun | *Caos, fractales y cosas raras* |